U0614532

认识我们
身边的太阳能

★ ★ ★ ★ ★

姜延峰◎编著

在未知领域 我们努力探索
在已知领域 我们重新发现

延边大学出版社

图书在版编目（CIP）数据

认识我们身边的太阳能 / 姜延峰编著 .—延吉：

延边大学出版社，2012.4（2021.1 重印）

ISBN 978-7-5634-4624-7

Ⅰ .①认… Ⅱ .①姜… Ⅲ .①太阳能—青年读物
②太阳能—少年读物 Ⅳ .① TK511-49

中国版本图书馆 CIP 数据核字 (2012) 第 051737 号

认识我们身边的太阳能

编　　　著：姜延峰

责 任 编 辑：林景浩

封 面 设 计：映象视觉

出 版 发 行：延边大学出版社

社　　　址：吉林省延吉市公园路 977 号　　邮编：133002

网　　　址：http://www.ydcbs.com　　E-mail：ydcbs@ydcbs.com

电　　　话：0433-2732435　　传真：0433-2732434

发行部电话：0433-2732442　　传真：0433-2733056

印　　　刷：唐山新苑印务有限公司

开　　　本：16K　690×960 毫米

印　　　张：10 印张

字　　　数：120 千字

版　　　次：2012 年 4 月第 1 版

印　　　次：2021 年 1 月第 3 次印刷

书　　　号：ISBN 978-7-5634-4624-7

定　　　价：29.80 元

什么是太阳能？太阳能能否造福人类呢？太阳能电池是如何发电的？人类应该如何利用太阳能？我国的太阳能资源如何？太阳能热利用是怎么回事？太阳能利用产业前景如何呢？

本书向我们介绍万物生长之源——太阳能，主要介绍了太阳能的基础知识，其产生与开发利用、太阳能发电、太阳能电池以及我国太阳能的利用、研究与开发，目的是让广大青少年了解太阳能的知识，学会科学地开发和利用能源，这对增长青少年的科技知识有很大帮助。

但是若有人问起，太阳能到底是什么？我们又是如何利用它的呢？青少年朋友们不一定能答得上来。也许有人想过"如果没有太阳，我们是否会存在着？"或者"如果现在太阳消失了，我们人类会怎么样？"但是，没有太阳的地球，或者没有太阳的人类，是无法预见的。

假如太阳活动稍微减弱一些，地球就会迎来冰河期，大部分的生命体不是饿死就是会被冻死。可以说，太阳对我们来说，就像善神一样，自人类文明出现的那天起，几乎所有的民族都把太阳视为最伟大的神，这可能也是因为人们知道太阳的重要性。

　　但是，现在大部分的人都对如此重要的太阳并不是特别关心，可能是因为人们坚信太阳会一直在那里，不会消失，所以才漠不关心。那么，太阳果真会永远存在吗？让我们从现在开始仔细了解太阳这颗恒星吧。

CONTENTS 目录

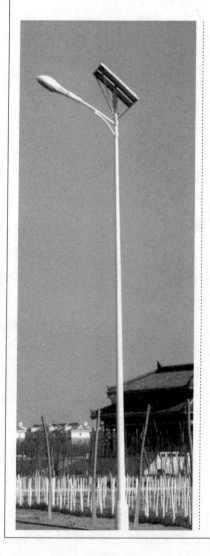

第❶章

关于太阳的趣闻

第❷章

能源之母——太阳能

第❸章

趣味多多的太阳能

第❹章

太阳能未来的发展

第❺章

你所不知道的太阳

关于太阳的趣闻

第一章

GUANYUTAIYANGDEQUWEN

　　在浩瀚的宇宙之中，太阳已经有50亿岁了。它为地球上所有生物的生长直接或间接地提供着光和热。那太阳究竟有什么秘密呢？请看本章节的介绍。

太阳的形成

Tai Yang De Xing Cheng

太阳和大多数恒星一样，是由于自身的引力由许多的氢气聚集而成。它们都要服从泡利不相容的原理，它们的粒子在高速运动中导致内部温度和压力不断升高，最终聚合成氦发生热核反应。这时，太阳的张力就能使引力平衡并一直持续下去，直到燃料损耗完。

在46亿年前，伴随着太阳的出现而出现了太阳系。太阳星云由于自身引力的作用而逐渐凝聚，最终形成了

※ 太阳

一个由多个天体按一定规律排列组成的天体系统，包括一颗恒星、九大行星、至少63颗卫星、约100万颗小行星、无数的彗星和星际物质等，被称作太阳系。在银河系中，太阳只是一颗普通的恒星。与其他大多数恒星一样，太阳也是根据恒星的演化理论，从一团星际气体云中诞成的。它位于银河系的盘状结构之中，离中心约有25亿千米。它的主要成分是氢分子，体积约为现在太阳的500万倍，这便是"太阳星云"。经历了40多万年的凝聚，在太阳星云中心诞生了一颗恒星，这就是太阳。太阳形成以后，它的周围还残存着一些气体和尘埃，不久之后，这些气体和尘埃形成了围绕太阳旋转的其他太阳系天体，包括许多行星和彗星等，也包括月亮和我们的地球。

2

※ 太阳星系

◎太阳系九大行星与太阳的位置排列图

上图是太阳系九大行星与太阳的位置排列图，从左到右依次是：太阳、水星、金星、地球、火星、木星、土星、天王星、海王星和冥王星。

在浩瀚的宇宙之中，太阳谈不上有什么特殊性。在大约由 2,000 亿颗恒星组成的银河系之中，太阳也只是中等大小的一颗。太阳的年龄已经有 50 亿岁，在它一生中，处于中年时期。太阳是太阳系的中心，地球上几乎所有生物的生长都无法离开它所提供的光和热。太阳内核的温度能够达到 1,500 万摄氏度，为氢—氦核聚变反应提供条件。这样的核聚变反应，几乎每秒钟要消耗掉约 500 万吨的物质，然后转换成能量，以光子的形式释放出来。从太阳中心到达太阳表面，这些光子就要花 100 多万年。从太阳中心出发之后，它们先要经过辐射带，在沿途中与原子微粒产生碰撞，丢失能量。之后还要经过对流带，光子的能量会被炽热的气体所吸收，气体在对流中向太阳表面传递能量。光子到达对流带边缘之后，已经冷却到 5,500 摄氏度了。我们所直接看到的太阳，就是位于太阳表面的光球层。光球层是比较活跃的，是比较"凉爽"的部

3

分，温度大约就有 6,000 多摄氏度。光球层上有一个个起伏的对流单元"米粒"，每个米粒的直径大约有 1,600 千米，它们是从太阳内部升上来的一个个热气流的顶温。就是在这样不断的对流活动中，每秒钟太阳向宇宙空间所释放的能量，相当于 1,000 亿个百万吨级核弹的能量。

▶知识窗

关于南极的地理位置，单从字面上来看，南极就是地球的最南端，但实际上，与南极相似的词语有很多，像南极洲、南极点、南极大陆、南极地区和南极圈等等。根据国际上通行的概念，一般把南纬 60 度以南的地区称为南极，它是南大洋及其岛屿和南极大陆的总称，总面积达到 6,500 万平方千米。

南极洲主要分布在南极点的四周，是常年被冰雪覆盖的大陆，周围布满了岛屿。南极洲无论是从经度位置还是从纬度位置上都与其他的大洲有明显的不同，这里独特的纬度位置是形成寒冷的气候、冰雪覆盖以及极光现象的关键条件。南极洲总面积达到 1,400 万平方千米，南极洲的总面积占地球陆地总面积的 1/10，也就相当于半个中国，南极洲在七大洲面积中居第五位。

南极洲是科学家考察的主要地区，原因主要有两个方面：一是因为许多学科必须在南极这个"天然实验室"里进行，而其他的地区是根本无法代替的；二是因为南极的许多问题具有全球性，与人类的前途和命运息息相关。南极洲是世界上最寒冷的大陆，是世界上冰雪存储量最多的大陆，是世界上风速最大、风暴最频繁的大陆，是世界上海拔最高的大陆，在大气和海洋生物间的碳循环中起着至关重要的作用。经过长时期以来对南极地区的考察、研究，人类在冰川学、地质学、气象学、大气物理学、海洋学、植物学和动物学等领域获得了很多新的成果。

拓展思考

1. 太阳系九大行星的排列位置是什么？
2. 太阳是怎么形成的呢？
3. 太阳有多少摄氏度呢？

认识太阳

Ren Shi Tai Yang

太阳是太阳系的中心天体，也是距离地球最近的恒星，太阳系质量的 99.87% 都集中在太阳。在太阳系之中，八大行星、小行星、彗星、流星、外海王星天体和星际尘埃等，都在围绕着太阳进行公转。

※ 美丽的太阳

在茫茫的宇宙之中，太阳只是非常普通的一颗恒星。在广袤浩瀚的繁星世界里，太阳的亮度、大小和物质密度都只处于中等水平。由于它离地球比较近，所以看上去是天空中最大、最亮的天体。其他恒星都离我们非常遥远，即便是离我们最近的，也要比太阳远 27 万倍，看上去只不过是一个闪烁的光点。

太阳的组成物质大多都是一些普通的气体，其中氢大约占了 71.3%、氦大约占了 27%，其他元素约占 2%。从太阳的中心向外，依次可分为核反应区、辐射区、对流区和太阳大气。太阳的大气层和地球的大气层是一样的，可以按照不同的高度和性质分成各个圈层，从内向外依次为光球、色球和日冕三层。我们平常所看到的太阳表面，是太阳大气的最底层，它是不透明的，温度约是 6,000 开。所以我们无法直接看见太阳内部的结构。不过，天文学家通过对太阳表面各种现象的研究，并根据物理理论，建立了太阳内部结构和物理状态的模型。通过对其他恒星的研究，天文学家已经证实这一模型在大的方面是可信的。在 2006 年由美国宇航局发射的两颗太阳探测卫星 STEREO 已经运动到了太阳两侧相反的位置上，并且首次从前后两面拍摄下了太阳完整的立体图。STEREO 第一次确认了太阳确实是一个球形，STEREO 团队的成员表示，这是太阳物理学的又一重大进展。

◎内部构造

太阳内部的结构主要可以分为：核心区、辐射区和对流区三层。

太阳核心区域的质量为整个太阳质量的一半以上，但半径只有太阳半径的1/4，太阳核心的温度是极高的，达到了1,500万℃，压力也极大，所以由氢聚变为氦的热核反应才得以发生，从而释放出极大的能量。这些能量还要再通过辐射层和对流层中物质的传递，才能够到达太阳光球的底部，并通过光球向外辐射出去。太阳中心区的物质每立方厘米可达160克，密度是非常高的。太阳由于自身强大重力的吸引，中心区域处于高密度、高温和高压的状态，是太阳巨大能量的发源地。太阳中心区所产生的能量，主要靠辐射的形式来传递。太阳的中心区之外就是辐射层，辐射层的范围是从热核中心区顶部的0.25个太阳半径向外到0.71个太阳半径。这个范围内的温度、密度和压力都是由内向外递减的。就体积而言，辐射层的体积占了整个太阳体积的绝大部分。太阳内部能量向外传递除辐射，还有对流过程。也就是说，从太阳0.71个太阳半径向外到达太阳大气层的底部，这个区间叫做对流层。对流层是太阳内部结构的最外层。这一层气体性质变化非常大，很不稳定，形成了非常明显的上下对流运动。

◎光球

我们平常所看到的太阳圆面就是太阳光球，我们通常所说的太阳半径，指的也是光球的半径。光球层位于对流层之外，处于太阳大气层中的最底层或最里层。光球的表面平均密度只有水的几亿分之一，是气态的，不过由于它的厚度达到了500千米，所以光球并不是透明的。光球层的大气中，存在着激烈的活动。我们用望远镜可以看到光

※ 浩瀚的太阳系

球表面有许多密密麻麻的斑点状结构，很像一颗颗的米粒，所以称之为米粒组织。它们是极不稳定的，一般持续的时间仅有5～10分钟，它的

温度比光球的平均温度要高出 300℃～400℃。目前，这种米粒组织被认为是由于光球下面气体剧烈的对流所造成的现象。

◎色球

色球层是紧贴在光球以上的一层大气，平时不会被轻易地观测到，这一区域在过去只有在日全食时才能看到。当光球明亮的光辉被月亮遮掩的一瞬间，人们就会发现有一层玫瑰红的绚丽光彩出现在日轮边缘上，这便是色球。色球层的厚度约为 8,000 千米，它与光球的化学组成基本上是相同的，但色球的物质密度和压力比光球层内都要低得多。在日常生活中，离热源越远，温度也就越低，但太阳大气的情况却截然相反。光球顶部接近色球处的温度大约是 4,300℃，到了色球顶部温度竟然达到了几万度，再往上到了日冕区，温度竟陡然升至上百万度。这种反常的增温现象让人们感到疑惑不解，至今确切的原因也没有被找到。

人们还能在色球上看到许多腾起的火焰，这就是天文上所谓的"日珥"。一次完整的日珥过程一般为几十分钟，它是一种迅速变化着的活动现象，而且日珥的形状也可以说是千姿百态的，有的如飞瀑喷泉，有的似浮云烟雾，也有的好似一弯拱桥，有的酷似团团草丛，真是不胜枚举。天文学家根据形态变化的规模和速度将日珥分成三大类，分别是宁静日珥、活动日珥和爆发日珥。爆发日珥是最为壮观的了，本来宁静的或活动着的日珥，有时会突然地"怒火冲天"，把气体物质拼命往上抛射，然后回转着返回太阳表面，形成一个环状，所以人们又称爆发日珥为环状日冕。

日冕属于太阳大气的最外层，日冕中的物质密度比色球层更低，而它的温度反比色球层高，可达上百万摄氏度，它也是等离子体。在日全食时，在太阳周围看到的呈放射状、非常明亮的银白色光芒就是日冕。日冕能够一直延伸到好几个太阳半径的地方，它的范围在色球之上。日冕还会形成太阳风，它是由于日冕向外膨胀运动，使得冷电离气体粒子连续地从太阳向外流出而形成的。

◎剧烈的活动

从表面来看，太阳非常平静，但实际上它无时无刻不在发生着剧烈的活动。太阳由里向外被分为太阳核反应区、太阳对流层和太阳大气层。太阳在中心区不停地进行热核反应，然后将产生的能量以辐射的方式向宇宙空间发射。地球上的光和热主要来源于其中二十二亿分之一的能量。在太阳表面和大气层中，诸如太阳黑子、耀斑和日冕物质喷发（日珥）

※ 运动中的太阳

等活动现象，会使太阳风大大增强，造成例如极光增多、大气电离层和地磁的变化等许多地球物理现象。太阳风的增强和太阳活动还会严重干扰地球上无线电通信及航天设备的正常工作，使卫星上的精密电子仪器受到损害，地面通信网络、电力控制网络发生混乱，甚至还有可能对空间站和航天飞机中宇航员的生命构成威胁。因此，时刻监测太阳风的强度和太阳活动，及时做出"空间气象"预报，就显得越来越重要。

◎太阳黑子

太阳黑子是光球表面的一种活动现象，太阳黑子大多呈现近椭圆形，是光球层上的巨大气流漩涡。在明亮的光球背景反衬下，它们显得比较黯黑，但实际上它们的温度已经达到了4,000℃左右。如果能把太阳黑子单独取出，一个大黑子发出的光芒便相当于满月的光芒。太阳辐射能量的变化可以通过日面上黑子不断变化的情况来反映。太阳黑子的平均活动周期为11.2年，它们的变化存在着比较复杂的周期现象。

我们通过一般的光学望远镜来观测太阳，观测到的是光球层的活动。我们在光球上常常可以看到很多黑色斑点，它们就是"太阳黑子"。在4,000年前，我们的祖先就用肉眼看到了像三条腿的乌鸦一样黑的黑子。太阳黑子在日面上的数量、大小、形态和位置等，几乎每天都会发生变化。太阳黑子不仅是光球层物质剧烈运动而形成局部强磁场区域的证明，也是光球层活动的重要标志。通过对太阳黑子长期的观测就会发现，黑子有的年份少，有的年份多，有时候几天，甚至几十天都无法从日面上看到黑子的出现。天文学家把太阳黑子最多的年份称之为"太阳活动峰年"，把太阳黑子最少的年份称之为"太阳活动谷年"。很早之前，天文学家们就注意到，太阳黑子有平均11年的活动周期，也就是说，太阳黑子从最多或最少的年份到下一次最多或最少的年份，大约相隔 11 年，这也正是整个太阳的活动周期。

◎太阳耀斑

一般认为太阳耀斑是发生在色球层中，所以也叫"色球爆发"，是另一种剧烈的太阳活动。它有几个主要的观测特征，闪亮的耀斑在日面上（一般在黑子群上空）突然出现并迅速发展，它的寿命仅有几分钟到几十分钟，亮度上升比较迅速，下降却较慢。特别是在太阳活动峰年，耀斑出现会非常频繁，而且强度会增加。

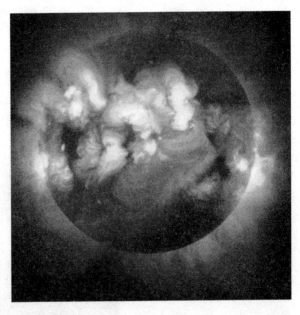

※ 太阳斑驳

太阳耀斑虽然只是一个亮点，但是一旦出现，简直就是一次惊天动地的大爆发。这一亮点所释放的能量，相当于 10～100 万次强火山爆发所释放的总能量，也相当于上百亿枚百吨级氢弹爆炸所释放的总能量。一次比较大的耀斑爆发，在十几分钟内所释放的巨大能量就有 10^{25} 焦耳。

耀斑这种现象既表现在日面局部突然增亮，也表现在从射电波段到 X 射线的辐射通量的突然增强。耀斑辐射的种类繁多，除了可见光外，还有 X 射线、紫外线、伽马射线，红外线和射电辐射。另外 2011 年 2 月 17 日，太阳所爆发的近几年最强耀斑，其辐射种类还包括冲击波，高能粒子流，甚至还有能量超高的宇宙射线。

耀斑对地球的空间环境会造成很大的影响。太阳色球层中的一声爆炸，就会让地球大气层即刻出现余音缭绕。在耀斑爆发的时候，会发出大量的高能粒子，当这些高能粒子到达地球轨道附近时，就会严重危及宇宙飞行器内的仪器和宇航员的生命安全。当耀斑辐射来到地球附近时，会与大气分子发生非常剧烈的碰撞，使电离层受到破坏，使其失去反射无线电电波的功能。短波通信等无线电通信，以及电台广播、电视台等，都会受其干扰，甚至被中断。太阳耀斑所发射的高能带电粒子流，会与地球高层大气发生作用，产生极光，并且会干扰地球磁场，从而引起磁暴。

另外，太阳耀斑对水文和气象等方面也有着不同程度地直接或间接的影响。也正是因为如此，人们才开始努力揭开太阳耀斑的奥秘，对太阳耀斑爆发的探测和预报的行动可以说是与日俱增。

◎光斑

太阳光斑是太阳光球层上的斑状组织，它比周围更加明亮。当人类用天文望远镜观测它时，往往可以看到：在光球层的表面有的明亮，有的深暗。这种明暗斑点的形成，是因为光球层表面的温度不同。其中比较深暗的斑点被叫做"太阳黑子"，比较明亮的斑点就是"光斑"。光斑经常出现在太阳表面

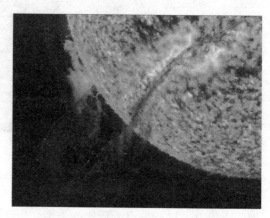

※ 太阳的光斑

的边缘，但一般不在太阳表面的中心区露面。这是由于太阳表面中心区的辐射是光球层的较深气层，而边缘的辐射主要来自于光球层较高的部位，因此，光斑比太阳的表面要高些，在太阳的光球层上可以算得上是"高原"了。天文学家把光斑戏称为"高原风暴"，因为它是太阳上的一种强烈风暴。不过与地面上大雨滂沱，乌云翻滚，狂风卷地百草折的风暴相比，"高原风暴"的性格明显就温和得多了。光斑的亮度一般只比宁静的光球层略强一些，大约有 10%；温度要比宁静光球层高出300℃。许多光斑常常环绕在太阳黑子周围"表演"，还与太阳黑子结下

不解之缘。也有一少部分光斑与太阳黑子无缘，只活跃在 70 度高纬区域。面积比较小的光斑平均寿命大约只有 15 天，较大的光斑寿命可以达到三个月。光斑不只在光球层上会出现，有时色球层也会成为它的活动场所。当光斑出现在色球层上时，它的活动位置与在光球层上的活动位置大致上是吻合的。但是出现在色球层上的光斑并不叫"光斑"，而叫做"谱斑"。事实上，光斑与谱斑是同一个整体，只不过它们的"住所"高度不太一样，就好像是一幢楼房，谱斑住在楼上，而光斑住在楼下。

◎米粒组织

米粒组织呈多角形小颗粒形状，它属于太阳光球层上的一种日面结构。人类必须用天文望远镜才能够观测到它。米粒组织的温度比周围温度要高，比米粒间区域的温度大约高出 300℃，所以就显得比较明亮。虽说它们看起来只是一些小颗粒，但实际的直径也有 1,000 ～ 2,000 千米。

※ 米粒组织

米粒组织极有可能是从对流层上升到光球的明亮的热气团，它分布均匀，且呈现激烈的起伏运动，但不会随时间的变化而变化。当米粒组织上升到一定高度的时候，很快就会变冷，并且立即沿着上升热气流之间的空隙往下降；它的寿命是非常短暂的，来也匆匆，去也匆匆，从产生到消失的速度，可以说比地球大气层中的云消烟散还要快。它们的平均寿命也就只有几分钟。此外，近年来，科学家们发现了一些超米粒组织，它们的直径达到了 3 万千米左右，寿命大约在 20 小时。

有个非常有趣的现象，在旧的米粒组织要消逝的时候，马上就有新的米粒组织出现在原来的位置上来替代它们，就好像我们日常生活中所见到的不断上下翻腾，冒着热气泡的沸腾米粥。

◎生命周期

经放射衰变方法鉴定，地壳中最古老岩石的年龄为略小于 40 亿岁，用同样的方法来鉴定，月球最古老岩石样品的年龄大致从 41 亿岁到 45 亿岁，有些陨星样品的年龄也超过了 40 亿岁。综合所有证据得出，太阳系距今大约是 46 亿岁。由于银河系已经是 150 亿岁左右，所以太阳及其行星年龄只及银河系年龄的 1/3。

虽然到现在还没有测定太阳年龄的直接方法，但它作为赫罗图主序上一颗橙黄色恒星的总体外貌，却正是一颗具有太阳质量，年龄大约为 46 亿岁，度过了它一半主序生涯的恒星所应该期望的。

恒星也有自己的生命史。它们从诞生开始，经历成长，直到衰老，最终走向死亡。它们的外形、大小不同，色彩各异，演化的历程也不尽相同。但恒星与生命的联系不仅表现在它提供了光和热，还表现在某些恒星在生命结束时发生爆发所创造出来的重原子构成行星和生命物质。

目前太阳正处于主序星阶段，通过对计算机所模拟的恒星演化及宇宙年代学模型的演算，太阳已经经历了大约 45.7 亿年。大约 45.9 亿年前一团氢分子云的迅速坍缩形成了第一星族的金牛 T 星，即太阳行星。这颗新生的恒星沿着距银河系中心约 27,000 光年的近乎圆形轨道运行。

据天文学家推测，太阳在其主序星阶段已经到了中年期，在这个阶段中它核心内部发生的恒星核反应将氢聚变为氦。经计算，在太阳的核心，这种反应每秒能将超过 400 万吨物质转化为能量，以这个速度来看，太阳至今已经将大约 100 颗地球质量的物质转化成了能量。太阳作为主序星的时间大约持续 100 亿年。

太阳的质量不足以爆发成为超新星。在经历 50 亿～60 亿年后，太阳内的氢估计会消耗殆尽，太阳将转变成红色巨星，当其核心的氢耗尽而导致核心收缩和温度升高时，太阳外层将会膨胀。当其核心温度升高到 100,000,000 开左右时，将发生氦的聚变而产生碳，从而进入渐近巨星分支。而当太阳内的氦元素也全部转化为碳后，太阳也将不再发光，成为一颗黑矮星。

地球的最终命运还不太清楚，太阳变成红巨星时，其半径可超过一个天文单位，是当前太阳半径的 260 倍。然而，届时作为渐近巨星分支恒星，太阳将会由于恒星风而失去当前质量的约 30%，因而行星轨道将会向外推。地球也许会幸免于被太阳吞噬。即使地球能逃脱被太阳熔融的命运，但地球上的水将可能蒸发。实际上，即使太阳还是主序星，它也会逐步变得更亮，表面温度也会缓慢上升。在 9 亿年后，太阳温度的上升将导致地球表面温度升高，致使我们所知的生命无法生存。其后再过 10 亿年，地球表面的水将完全消失。

红巨星阶段之后，由热产生的强烈脉动会抛掉太阳的外壳，形成行星状星云。太阳失去外壳后剩下的只有极为炽热的恒星核，它将会成为白矮星，在漫长的时间中慢慢冷却和暗淡。这就是中低质量恒星的典型演化过程。

◎太阳形态因素

太阳圆面在天空的角直径为 32 角分，与月球的角直径很接近，这是一个奇妙的巧合（太阳直径约为月球的 400 倍，而太阳离我们的距离恰是地月距离的 400 倍），使日食看起来特别壮观。由于太阳比其他恒星离我们近得多，其视星等可达到 −26.8，成为地球上所看到的最明亮的天体。太阳每 25.4 天自转一周（这是平均周期，因为赤道比高纬度自转得快），每 2 亿年绕银河系中心公转一周。太阳因自转而呈轻微扁平状，相当于赤道半径与极半径相差 6 千米（地球这一差值为 21 千米，月球为 9 千米，木星 9,000 千米，土星 5,500 千米）。差异虽然很小，但测量这一扁平性却很重要，因为任何稍大一点的扁平度（哪怕是0.005%）将改变太阳引力对水星轨道的影响，从而使根据水星近日点对广义相对论所做的检验变得不可信。

◎太阳风

太阳风是自然界连续存在的一种等离子体流，它来自太阳行星，并以 200～800 千米/秒的速度运动。这种物质虽然与地球上的空气不同，是由比原子还小一个层次的基本粒子——质子和电子等组成，但它们流动时所产生的自然效应与空气流动十分相似，所以被人们称为太阳风。

当然，太阳风的密度与地球上风的密度相比，是微不足道的。一般情况下，在地球附近的星际空间中，每立方厘米有几个到几十个粒子。而地球上风的密度则为每立方厘米有 2,687 亿亿个分子。太阳风虽然十分稀薄，但它刮起来的猛烈劲，却远远胜过地球上的风。在地球上，12 级台风的风速是每秒 32.5 米以上，而太阳风的风速，在地球附近却经常保持在每秒 350～450 千米，可达到地球风速的数万倍，而太阳风最猛烈时可达每秒 800 千米以上。太阳风从太阳大气最外层的日冕，向空间持续释放出物质粒子流。这种粒子流是从冕洞中喷射出来的，其主要组成成分是氢粒子和氦粒子。太阳风有两类：一种是持续不断地辐射出来，速度较小，粒子含量也较少，被称为"持续太阳风"；另一种是在太阳活动时辐射出来，速度较大，粒子含量也较多，这种太阳风则被称为"扰动太阳风"。扰动太阳风对地球的影响是非常大的，当它抵达地球时，往往会引起很大的磁暴和强烈的极光，同时也会骚扰电离层。太阳风的存在为我们研究太阳以及太阳与地球的关系提供了很大的方便。

◎太阳光

地球上除原子能、火山、地震和潮汐以外，太阳能和其他一些恒星散发的能量是一切能量的总源泉。到达地球大气上界的太阳辐射能量被叫做天文太阳辐射量。当地球位于日地平均距离处时，地球大气上界垂直于太阳光线的单位面积在单位时间内所受到的太阳辐射的全部总能量，被称为太阳常

※ 美丽的太阳光

数。太阳常数常用瓦/米作为单位。由于观测方法和所运用的技术不同，天文学家得到的太阳常数值不同。

作为一颗恒星，太阳的总体外观性质是，光度为 383 亿亿亿瓦，绝对星等为 4.8，是一颗黄色 G_2 型矮星，有效温度等于 5,800℃。太阳与

在轨道上绕它公转的地球的平均距离为 149,597,870 千米（499.005 光秒或 1 天文单位）。按质量计，它的物质构成是 71％的氢、26％的氦和少量较重元素。它们都是通过核聚变来释放能量的，根据天文理论，太阳最后核聚变产生的物质是铁和铜等金属。

▶ 知识窗

　　南极是探险的圣地。然而，那里存在着一种鲜为人知的可怕自然奇观，这就是南极的独特天气，被称为"乳白天空"。"乳白天空"是极地的一种天气现象，是南极地区因白色反光刺目造成方向不明确、界线不清的情况，也是南极洲最美丽的自然奇观之一。它是由极地的低温与冷空气相互作用而形成的。当阳光照射到镜面似的冰层上时，会立即反射到低空的云层，而低空云层中无数细小的雪粒又像千万个小镜子似的将光线散射开来，再反射到地面的冰层上。这种来回反射的结果产生一种令人眼花缭乱的乳白色光线，这时，自己感觉天地之间浑然一片，一切仿佛融入浓稠的乳白色牛奶里，所有的景物都能看见，但是很难分辨清楚东西南北。人的视线会因此产生错觉，分不清物体的远近和大小。这种情况严重时还能使人头昏目眩，甚至会失去知觉或者丧失生命。

　　乳白色天空是极地探险家、科学家和极地飞行器的一个大敌。若遇到它，那便是很危险的，正在滑雪的滑雪者会突然摔倒，正在行驶的车辆会突然翻车肇祸，正在飞行的飞机会失去控制而坠机殒命。这样的惨痛事件，在南极探险史和考察史上是屡见不鲜的。1958 年，在埃尔斯沃恩基地，一名飞机驾驶员就因遇到这种可怕的坏天气，顿时失去控制而坠机身亡。1971 年，一名驾驶 LC—130 大力神飞机的美国人，在距离特雷阿德利埃 200 千米的地方，遇到了乳白天空，突然与外界失去联系，至今下落不明。

拓展思考

1. 太阳有多大年龄了呢？
2. 什么是耀斑呢？

认识我们身边的太阳能

太阳能源之魅

Tai Yang Neng Yuan Zhi Mei

※ 太阳能

太阳能（Solar Energy），是指太阳光的辐射能量，在现代一般用作发电。自地球上存在生物以来，它们就主要依靠太阳提供的热和光而生存，而且古代的人类也懂得以阳光晒干食物，并长期保存的方法，比如制盐和晒咸鱼等措施。特别在当今化石燃料减少的情况下，我们亟待需对太阳能作进一步开发。太阳能的利用有被动式利用（光热转换）和光电转换两种方式。太阳能发电是一种新兴的可再生能源。广义上的太阳能是地球上许多能量的发源地，如风能，化学能，水的势能，等等。

太阳能能源是来自地球以外的天体的能源（主要是太阳能），人类所需能量的绝大部分都直接或间接地由太阳提供。正是因为各种植物通过光合作用把太阳能转变成化学能，所以太阳能才能在植物体内贮存下来。煤炭、石油和天然气等化石燃料也是由古代埋在地下的动植物经过漫长的时间形成的。它们实质上是由古代生物固定下来的太阳能。此外，水能、风能等也都是由太阳能转换来的。

地球自身蕴藏的能量常常是指与地球内部的热能有关的能源和与原子核反应有关的能源。

与原子核反应有关的能源正是核能。原子核的结构发生变化时能释放出大量的能量，这些能量被称为原子核能，简称核能，俗称原子能。它来自于地壳中储存的铀、钍等发生裂变反应时的核裂变所释放的能量，以及海洋中贮藏的氘、氚、锂等发生聚变反应时的核聚变所释放的能量。在当今社会，核能最大的用途是发电。除此之外，核能还可以用作其他类型的动力源、热源等。

全世界的潮汐能折合成煤每年约为 30 亿吨，但实际上可用的只是浅海区那一部分潮汐，每年约可折合为 6,000 万吨煤。

太阳能利用的基本方式可以分为四大类，如下：

太阳能是氢原子核在超高温时聚变释放出来的巨大能量，太阳能是人类能源的宝库，因为化石能源、地球上的风能、生物质能都来源于太阳能。

太阳能的利用：

1. 间接利用太阳能：化石能源和生物质能。二者都是将光能转化为化学能。

2. 直接利用太阳能：集热器和太阳能电池。集热器将光能转化为内能，有平板型集热器和聚光式聚热器。太阳能电池将光能转化为电能，一般应用在人造卫星。

◎技术原理

中材联建建材技术研究中心是中国民用太阳能发电的首家科研单位，此单位已经掌握了太阳能发电的核心技术，爱迪阳光万用太阳能是其最新研究出来的节能型产品。据有关部门统计，太阳能的利用不是很普及，利用太阳能发电存在着成本高和转换

※ 太阳能的分布

效率低的问题，但是太阳能电池在为人造卫星提供能源方面得到了广泛应用。太阳能是在太阳内部或者表面的黑子连续不断的核聚变反应过程中产生的能量。地球轨道上的平均太阳辐射强度为 1,369 瓦特/平方米。地球赤道的周长为 40,000 千米，由此可计算出，地球获得的能量可达 173,000 太瓦。在海平面上的标准峰值强度为 1 千瓦/平方米，地球表

面上某一点 24 小时的年平均辐射强度为 0.20 千瓦/平方米，大约有有102,000太瓦的能量，人类就是依赖这些能量维持生存，其中包括其他形式的所有可再生能源（地热能资源除外），虽然太阳能资源的总能量大约是现在人类所利用能源的一万多倍，但太阳能的能量密度低，而且它可以随地点改变而改变，也可随时间的改变而改变，这是开发利用太阳能所面临的主要问题。太阳能的这些特点会使它在整个综合能源体系中的作用受到一定的限制。

虽然太阳辐射到地球大气层的能量仅是太阳总辐射能量的 22 亿分之一，但这些能量已经高达 173,000 太瓦，也就是说太阳每秒钟照射到地球上的能量就相当于 500 万吨煤燃烧所释放的能量。若以平方米计算，每秒照射到地球的能量则为 49,940,000,000 焦。地球上的风能、水能、海洋温差能、波浪能和生物质能以及部分潮汐能都是来自于太阳，即使是地球上的化石燃料（如煤、石油、天然气等）从根本上说也是自远古时代以来贮存下来的太阳能，所以广义的太阳能所包括的范围非常大，狭义的太阳能则仅限于太阳辐射能的光热、光电和光化学的直接转换。

太阳能既是一次性的能源，又是可再生能源。太阳能资源丰富，既可免费使用，不需要运输，对环境没有任何的污染，也为人类创造了一种新的生活形态，使人类社会进入一个节约能源、减少污染的时代。

◎太阳能光伏

光伏板组件是一种暴露在阳光下便会产生直流电的发电装置，几乎全部是由半导体物料（例如硅）制成的固体光伏电池构成。因为没有可移动的部分，所以可以长时间操作而不会导致任何的损耗。简单的光伏电池可为手表以及计算机提供能源，较复杂的光伏系统可以为房屋提供照明，并为电网供电。光伏板组件可以制造成不同形状，而且组件又可以连接在一起，这样可以产生更多电能。近几年来，光伏板组件多被用在阳台或建筑表面，甚至被用作窗户、天窗或遮蔽装置的一部分，这些光伏设施通常被称为附设于建筑物的光伏系统。

根据调研的结果显示，因为产能过剩而导致全球五大制造商利润缩水，2012 年的光伏组件安装量会有所减少，这是 10 余年来首次出现下降。据彭博将六位分析师的平均预测，全球家庭与商业机构将安装

认识我们身边的太阳能

24.8 吉瓦的光伏组件。这大致跟 20 座核反应堆的发电量相同，但和去年新增 27.7 吉瓦的光伏装机量比较下降了约 10%。根据彭博新能源财经的估计，从 1999 年开始年平均安装量已经增长 61%。

※ 太阳能光伏

根据彭博新能源财经的预计，今年光伏组件产能将达到 38 吉瓦，比平均需求量预测高出 53%。这家在伦敦的研究机构预计今年的安装量将要下滑至 24.6 吉瓦。

产能过剩使最大的光伏制造商拥有高达 30% 利润率的日子消失殆尽。天合光能 2 月 23 日表示其 2011 年四季度毛利率为 7.1%，较前一年下跌 31%。尚德也表示其 2011 年四季度毛利率已从 2010 年的 17% 跌至 9.9%。

今年中国光伏装机量有实现翻倍的希望，并可能安装完富余产量。尚德与天合光能于 1 月表示，今年中国将新增 4～5 吉瓦的装机量，而 2011 年仅为 2.2 吉瓦。

中国第三大组件制造商天合光能预计今年出货量将增至 2.1 吉瓦，涨幅达 39%。英利绿色能源控股有限公司预计今年出货量将高达 2.5 吉瓦，较 2011 年增长 56%。尚德电力昨日表示，其出货量可能将达到 2.5 吉瓦，涨幅达 19%。

◎利弊分析

优点：

（1）普遍：太阳光普遍地照射在大地，没有地域的限制。无论陆地还是海洋，无论高山还是岛屿，太阳光到处都有，而且可以直接被开发和被利用，无须开采和运输。

（2）无害：合理开发利用太阳能不会造成环境污染。太阳能是最清洁的能源之一，在环境污染越来越严重的今天，这一点是非常宝贵的。

（3）巨大：每年到达地球表面上的太阳辐射能大约相当于 130 万亿吨煤燃烧产生的总能量，是当今世界上可以开发的最大能源。

（4）长久：根据目前太阳产生出来的核能

※ 美丽的太阳能

速率估算，氢的贮量使太阳足够维持上百亿年，而地球自身的寿命也约为几十亿年，从这个意义上，可以说太阳具有的能量是用之不竭的。

缺点：

（1）分散性：到达地球表面的太阳辐射总量尽管很大，但是能流密度却很低。平均说来，在夏季天气较为晴朗的情况下，北回归线附近正午时太阳辐射的辐照度最大，在垂直于太阳光方向 1 平方米面积的地方接收到的太阳能平均有 1 000 瓦左右；若全年日夜平均的话，则只有 200 瓦左右。而在冬季大致只有夏季的一半，阴天一般只有晴天的 1/5 左右，这样的能流密度是非常低的。因此，在利用太阳能时，想要得到一定的转换功率，往往需要面积相当大的一套收集和转换设备，但设备的造价是非常高的。

（2）不稳定性：由于受到昼夜、季节、地理纬度和海拔高度等自然条件的限制以及晴、阴、云、雨等随机气候因素的影响，因此，到达某一地面的太阳辐照度既是间断的，又是极不稳定的，这给太阳能的大规模利用增加了难度。为了使太阳能能够成为连续和稳定的能源，并最终成为常规能源的替代能源，就必须很好地解决蓄能问题，合理地把晴朗白天的太阳辐射能尽量贮存起来，以提供夜间或阴雨天太阳能的使用，但目前蓄能也是太阳能利用中较为薄弱的环节之一。

（3）效率低和成本高：目前太阳能利用的发展水平，有些方面在理论上是可行的，技术上也是成熟的。但有的太阳能利用装置，因为效率偏低，成本较高。总的来说，经济性还不能与常规能源相竞争。在今后相当长的时期内，太阳能利用的进一步发展，主要受到经济性的制约。

◎光热利用

光热的基本原理是将太阳辐射的能量收集起来，通过与物质的相互作用转换成热能并合理地利用。目前使用最多的太阳能收集装置，主要有平板型集热器、真空管集热器、陶瓷太阳能集热器和聚焦集热器四种。通常根据所能达到的温度和用途的不同，把太阳能光热利用

※ 光热的利用

分为低温利用（<200℃）、中温利用（200℃～800℃）和高温利用（>800℃）。目前，合理利用低温的方面有很多，主要有太阳能热水器、太阳能干燥器、太阳能蒸馏器、太阳房、太阳能温室和太阳能空调制冷系统等。中温利用主要有太阳灶、太阳能热发电、聚光集热装置等。高温利用主要有高温太阳炉等。

◎太阳能发电

清立新能源未来太阳能的大规模的主要功能是用来发电的。利用太阳能发电的方式有很多种。目前已实用的主要有以下两种。

①光—热—电转换。这种转换就是利用太阳辐射所产生的热能发电。一般是先用太阳能集热器将所吸收的热能转换成为工质的蒸汽，然后由蒸汽驱动气轮机带动发电机发电。主要分为两个过程，前一个过程为光—热转换，后个一过程为热—电转换。

②光—电转换。这种方式的基本原理是利用光生伏打效应将太阳辐射能直接转换为电能，它的基本装置是太阳能电池。

1. 光化利用

这是一种利用太阳辐射所分解出来的水制氢的光—化学转换方式。它主要包括光合作用、光电化学作用、光敏化学作用及光分解反应。

2. 光生物利用

通过植物的光合作用来实现将太阳能转换成为生物质的过程。目前所利用的植物主要有速生植物、油料作物和巨型海藻。

◎开发历史

根据记载，人类利用太阳能已长达 3 000 多年的历史。但真正将太阳能作为一种能源和动力加以利用的历史，也只有 300 多年。真正将太阳能作为"近期急需的补充能源"、"未来能源结构的基础"，则是近来的事。20世纪 70 年代以来，太阳能的技术发展突飞猛进，太阳能的合理利用日新月异。近代

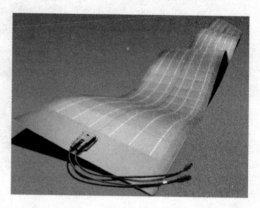

※ 太阳能生物

太阳能利用的历史可以从 1615 年法国工程师所罗门·德·考克斯在世界上发明第一台太阳能驱动的发动机算起。这一发明是一台利用太阳能加热空气使其膨胀做功而抽水的机器。在 1615～1900 年之间，世界上又相继研制成多台太阳能动力装置和一些其他太阳能装置。这些动力装置几乎全部采用聚光方式采集阳光，发动机的功率不大，工质主要是水蒸汽，价格昂贵，实用价值不大，大部分为太阳能爱好者个人研究制造。在 20 世纪的 100 年里，太阳能科技发展历史大体可分为以下七个阶段：

第一阶段 (1900～1920 年)

在这一阶段包括清立新能源，世界上太阳能研究的重点仍是太阳能动力装置，但采用的聚光方式是多种多样的，且开始采用平板集热器和低沸点工质，装置不断扩大，最大输出功率达 73.64 千瓦，实用目的比较明确，造价仍然很高。其中建造的典型装置主要有：1901 年，在美国加州建成一台太阳能抽水装置，这个装置主要采用截头圆锥聚光器，功率是 7.36 千瓦；1902～1908 年，在美国建造了五套双循环太阳能发

动机，这一发动机主要采用平板集热器和低沸点工质；1913 年，在埃及开罗以南建成一台由 5 个抛物槽镜组成的太阳能水泵，每个水泵的长为 62.5 米，宽为 4 米，总采光面积达 1,250 平方米。

第二阶段 （1920～1945 年）

在第二阶段 20 多年中，太阳能研究工作处于低潮，参加研究工作的人数和研究项目大为减少，其原因与矿物燃料的大量开发利用和发生第二次世界大战（1935～1945 年）有直接的关系，而太阳能又不能解决当时对能源的急需，因此使太阳能研究工作逐渐受到冷落。

第三阶段 （1945～1965 年）

在第二次世界大战结束后的 20 年中，一些有远见的人士已经注意到石油和天然气资源正在迅速减少，呼吁人们要重视这一问题，从而逐渐推动了太阳能研究工作的恢复和开展，并且成立太阳能学术组织，举办学术交流和展览会，再次兴起太阳能研究的热潮。在这一阶段，太阳能研究工作取得一些重大进展，其中比较突出的有：1945 年，美国贝尔实验室研制成功了实用型硅太阳电池，为光伏发电的大规模应用奠定了坚实的基础；1955 年，以色列泰伯等在第一次国际太阳热科学会议上提出选择性涂层的基础理论，并研制成实用的黑镍等选择性涂层，为高效集热器的发展创造了有利的条件。除此之外，在这一阶段里还有其他一些重要成果，比较突出的有：1952 年，法国国家研究中心在比利牛斯山东部建成一座功率为 50 千瓦的太阳炉。1960 年在美国佛罗里达建成世界上第一套用平板集热器供热的氨——水吸收式空调系统，制冷能力为 5 冷吨。1961 年，一台带有石英窗的斯特林发动机问世。在这一阶段里，主要加强了太阳能基础理论和基础材料的研究，取得了如太阳选择性涂层和硅太阳电池等技术上的重大突破。平板集热器也取得了重大的发展，技术上逐渐成熟。太阳能吸收式空调的研究取得进展，建成了一批实验性太阳房。对难度较大的斯特林发动机和塔式太阳能热发电技术进行了初步研究。

第四阶段 （1965～1973 年）

在这一阶段里，太阳能的研究工作停滞不前，主要原因是太阳能利用技术处于成长的阶段，尚未成熟，并且投资大，效果不理想，难以与常规能源竞争，因而得不到公众、企业和政府的重视和支持。

第五阶段（1973～1980 年）

自从石油在世界能源结构中担当主角之后，石油就成了左右经济和决定一个国家生死存亡、发展和衰退的关键因素。1973 年 10 月爆发中东战争，石油输出的国家组织采取石油减产、提价等办法，支持中东人民的斗争，维护各国的共同利益。这样做的结果是使那些依靠从中东地区大量进口廉价石油的国家，在经济上遭到沉重的打击。于是，西方一些人惊呼：世界发生了"能源危机"。

※ 太阳能的研究

这次"危机"在客观上使人们认识到：现有的能源结构必须彻底改变，应加速向未来能源结构过渡。从而使许多国家，尤其是工业发达国家，重新加强了对太阳能及其它可再生能源技术发展的支持，在世界上再次兴起了合理开发利用太阳能的热潮。1973 年，美国制定了政府级阳光发电计划，太阳能的研究经费大幅度增长，并且成立太阳能开发银行，促进太阳能产品的商业化。1974 年，日本公布了政府制定的"阳光计划"，其中太阳能的研究开发项目有：太阳房、工业太阳能系统、太阳热发电、太阳电池生产系统、分散型和大型光伏发电系统等。为实施这一计划，日本政府投入了大量的人力、物力和财力。

20 世纪 70 年代初期，世界上出现的大力开发利用太阳能的热潮，对中国也产生了巨大影响。一些有远见的科技人员，纷纷投身太阳能事业，积极向政府有关部门提供各种建议，出版相关的书刊，介绍国际上太阳能利用动态；在农村大力推广应用太阳灶，在城市研制开发太阳能热水器，空间用的太阳电池开始在地面应用……

1975 年，在河南安阳召开了"全国第一次太阳能利用工作经验交流大会"，这一大会进一步推动了中国太阳能事业的发展。这次会议之后，太阳能研究和推广工作纳入了中国政府计划，获得了专项经费和物资支持。一些大学和科研院所，纷纷设立太阳能课题组和研究室，有的地方开始筹建太阳能研究所。当时，中国也兴起了开发利用太阳能的热潮。科技在进步，社会在发展。这一时期，太阳能的开发利用工作处于前所未有的大发展时期。主要具有以下特点：各国纷纷加强了太阳能研究工作的计划性，不少国家还制定了近期和远期阳光计划，开发利用太阳能成为政府行为，支持力度大大加强。国际间的合作十分活跃，一些第三世界国家开始积极参与太阳能开发利用工作。

太阳能的研究领域不断地扩大，研究工作也日益深入，取得了一批较大成果，例如 CPC、真空集热管、非晶硅太阳电池、光解水制氢和太阳能热发电等。

各国制定的太阳能发展计划，普遍存在要求过高、过急问题，对实施过程中的困难估计不足，希望在较短

※ 太阳能的分布

的时间内能够取代矿物能源，实现大规模利用太阳能。例如，美国曾计划在 1985 年建造一座小型太阳能示范卫星电站，1995 年建成一座 500 万千瓦空间太阳能电站。事实上，这一计划后来进行了调整，至今空间太阳能电站还未升空。

太阳热水器、太阳电池等产品开始实现商业化，太阳能产业初步建立，但规模较小，经济效益尚不理想。

第六阶段（1980～1992 年）

70 年代兴起的开发利用太阳能高潮，进入 80 年代后不久就开始落潮，逐渐进入低谷。世界上许多国家相继大幅度削减太阳能研究经费，其中表现最为突出的是美国。导致这种现象的主要原因是：世界石油价格大幅度回落，而太阳能产品价格居高不下，缺乏竞争力；太阳能技术没有取得重大突破，提高效率和降低成本的目标没有实现，以致动摇了一些人开发利用太阳能的信心；核电的发展速度较快，对太阳能的发展起到了一定的抑制作用。受 80 年代国际上太阳能低落的影响，中国太阳能研究工作也受到一定程度的削弱，有人甚至提出：太阳能利用投资大、效果差、储能难、占地广，认为太阳能是未来能源，主张外国研究成功后中国引进技术。虽然，持这种观点的人只是少数，但十分有害，

对中国太阳能事业的发展造成不良的影响。这一阶段，虽然太阳能开发研究经费大幅度削减，但研究工作并未中断，甚至有的项目还进展较大，而且促使人们认真地去审视以往的计划和制定的目标，调整研究工作重点，争取以较少的投入取得较大的成果。

※ 太阳能的设置

第七阶段 (1992 年～至今)

由于大量燃烧矿物能源，造成了全球性的环境污染和生态破坏，对人类的生存和发展构成了严重的威胁。在这样背景下，1992 年联合国在巴西召开"世界环境与发展大会"，会议主要通过了《里约热内卢环境与发展宣言》、《21 世纪议程》和《联合国气候变化框架公约》等一系列重要文件，把环境的开发与保护纳入统一的框架，明确规定了可持续发展的模式。这次会议之后，世界各国都加强了清洁能源技术的开发，将利用太阳能与环境保护结合在一起，使太阳能利用工作走出低谷，逐渐得到加强。世界环发大会之后，中国政府对环境与发展十分重视，提出关于新能源的 10 条对策和措施，明确要"因地制宜地开发和推广太阳能、风能、地热能、潮汐能、生物质能等清洁能源"，制定了《中国 21 世纪议程》，进一步明确了太阳能重点开发项目。

1995 年，国家计委、国家科委和国家经贸委制定了《新能源和可再生能源发展纲要》，明确提出了中国在 1996～2010 年新能源和可再生能源的发展目标、任务以及相应的对策和措施。这些文件的制定和实施，对进一步推动中国的太阳能事业发挥了重要作用。1996 年，联合国政府在津巴布韦召开"世界太阳能高峰会议"，会后发表了《哈拉雷太阳能与持续发展宣言》，会上讨论了《世界太阳能 10 年行动计划》、《国际太阳能公约》和《世界太阳能战略规划》等重要文件。这次会议进一步表明了联合国和世界各国对开发太阳能的坚定决心，要求全球共同行动起来，合理广泛地利用太阳能。

1992 年之后，世界太阳能利用又进入一个发展阶段，其主要的特点是：太阳能利用与世界可持续发展和环境保护紧密结合，全球共同行动，为实现世界太阳能发展战略而努力；太阳能发展目标明确，重点突出，措施得力，有利于克服以往忽冷忽热、过热过急的弊端，从而有力地保证太阳能事业的长期发展；在加大太阳能研究开发力度的同时，要注意科技成果转化为生产力，发展太阳能产业，加速商业化进程，扩大太阳能利用领域和规模，提高经济效益；国际太阳能领域的合作空前活跃，规模不断地扩大，效果非常明显。通过以上回顾可知，在本世纪 100 年间太阳能发展道路并不平坦，一般每次高潮期后都会出现低潮期，处于低潮的时间大约有 45 年。太阳能利用的发展历程与煤、石油、核能是完全不同的，人们对太阳能的认识差别大，反复多，发展时间长。这一方面说明太阳能开发难度大，短时间内很难实现大规模的利用；另一方面也说明太阳能利用与矿物能源的供应有直接的关系，由于受政治和战争等因素的影响，所以，太阳能的发展道路比较曲折。尽管如此，从总体来看，20 世纪取得的太阳能科技进步仍比以往任何一个世纪都快。爱迪太阳能如今已经是人们生活中不可缺少的一部分。

第八阶段（未来）

在未来，随着全世界光伏板并网，储能难的问题会有改善。

关于开发经济的问题主要包括两方面，分别是：

第一，世界上越来越多的国家都认识到一个能够持续发展的社会应该是一个既能满足社会需要，而且又不危害人类社会的发展。因此，尽可能多地用洁净能源代替高含碳量的矿物能源，是能源建设应该遵循的原则。随着能源形式的不断变化，常规能源的贮量日益下降，其

※ 太阳能房屋

价格必然上涨，而控制环境污染也必须增大投资。

第二，中国是世界上最大的煤炭生产国和消费国，煤炭约占商品能源消费结构的 67％，已成为中国大气污染的主要来源。大力开发新能源和可再生能源的利用技术将成为减少环境污染的重要措施。能源问题是世界性的，向新能源过渡的时期迟早是要到来的。从长远来看，太阳能利用技术和装置的大量应用，也必然可以制约矿物能源价格的上涨。

现代的太阳热能科技将阳光聚合，并运用其能量产生热水、蒸汽和电力。除了运用合适的技术来收集太阳能外，建筑物亦可收集太阳的光和热能，方法是在设计时加入合适的设备，例如巨型的向南窗户可以使用能吸收或释放太阳热力的建筑材料。

▶ 知 识 窗

南极"绿洲"上有高峰、悬崖、湖泊和火山。罗斯岛上的埃里伯斯火山是著名的活火山。1841 年 1 月，英国著名的探险家詹姆斯·克拉克·罗斯率领一支探险队，乘坐"埃里伯斯"号考察船到南极探险。他们在南极圈以南的一个岛上发现了一座火山，便把岛屿命名为"罗斯岛"，把火山叫做"埃里伯斯火山"。埃里伯斯火山上有好些喷气的孔，蒸汽喷出后不久就冷凝，冻成形态各异的蒸汽柱。这个活火山口喷出的含硫烟雾，会把熔岩像炮弹一样射向半空。埃里伯斯火山终年被冰雪覆盖，它不时喷出烟雾，似乎在向世人展示着它的活力与激情。

据说，20 世纪初的某天，南极海域大雾弥漫，几个捕鱼人偶然发现雾中有个岛，可海水一涨，这个岛又不见了，"欺骗岛"的名字由此而来。"欺骗岛"其实是一片黑色火山岩形成的小岛。据考证，在远古冰川纪时期，南极海底火山喷发，火山口塌陷，形成了这个天然港湾。1918 年，英国水兵发现并占领了"欺骗岛"后，在此大肆捕鲸，炼制鲸油，当年英国人留下的木牌上写着，到 1931 年，英国人在此炼制了 360 万桶鲸油。欺骗岛在南极洲东北的南设得兰群岛上，1969 年 2 月，欺骗岛火山曾经喷发过，使设在那里的科学考察站顷刻间化为灰烬，至今，人们仍然对此心有余悸。

如今，炼制鲸油厂只剩下了一片废墟，欺骗岛也成了极地旅游的好地方，你可以在火山岩形成的海滩上挖出的温泉中游泳。眼下一条万吨级的挪威游船载着游客在这里旅游。尽管来这里旅游的人不少，但是无论在海滩还是陆地上，找不到任何丢弃物。有实物记载，欺骗岛人类最早开拓南极的地方。

认识我们身边的太阳能

拓展思考

1. 太阳能科技发展经历了几个阶段?

2. 太阳能源来自于哪里?

能

源之母——太阳能

第二章

NENGYUANZHIMU——TAIYANGNENG

　　太阳产生的辐射具有巨大的能量，究竟怎么才能将这些辐射转化为热能去利用呢？请看本章节的介绍。

太阳能集热器

Tai Yang Neng Ji Re Qi

※ 太阳能集热器

对于太阳能的热利用，关键是要将太阳的辐射能转换为热能。由于太阳能比较分散，必须设法把它集中起来，所以，集热器是各种利用太阳能装置的关键部分。由于用途不同，集热器及其匹配的系统类型分为许多种，名称也不相同，例如用于炊事的太阳灶、用于产生热水的太阳能热水器、用于干燥物品的太阳能干燥器、用于熔炼金属的太阳能熔炉，以及太阳房、太阳能热电站、太阳能海水淡化器，等等。

平板集热器一般用于太阳能热水器等，聚光集热器可使阳光聚焦获得高温，焦点可以是点状或线状，用于太阳能电站、房屋的采暖和空调、太阳炉等。按聚光镜构造有"菲涅尔"透镜和抛物面镜。

效率比较高的集热器主要由收集和吸收装置组成。阳光由不同波长的可见光和不可见光组成，不同物质和不同颜色对不同波长的光的吸收和反射能力是不一样的。黑颜色吸收阳光的能力最强，因此棉衣一般用深色或黑色布；白色反射阳光的能力最强，因而夏季的衬衫多是淡色或白色的。因此利用黑颜色可以聚热。让平行的阳光通过聚焦透镜聚集在一点、一条线或一个小的面积上，也可以达到集热的目的。纸在太阳光的照射下，不管阳光多么强，哪怕是在炎热的夏天，也不会被阳光点燃。但是，若利用集光器，把阳光聚集在纸上，就能将纸点燃。集热器一般可分为平板集热器、聚光集热器和平面反射镜等几种类型。

◎镜和定日镜

平面反射镜主要用于太阳能塔式发电，装有跟踪设备，一般和抛物面镜联合使用。平面镜能把阳光集中反射在抛物面镜上，使抛物面镜上出现聚焦点。

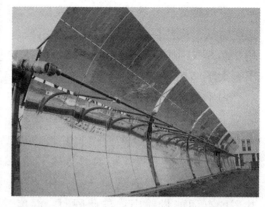

※ 镜和定日镜

太阳能集热器就是吸收太阳辐射并将产生的热能传递到传热介质的装置，这个短短的定义却包含了丰富的知识：第一，太阳能集热器是一种装置；第二，太阳能集热器可以吸收太阳辐射；第三，太阳能能集热器可以产生热能；第四，太阳能集热器可以将热能传递到传热介质。

太阳能集热器虽然不是直接面向消费者的终端产品，但是太阳能集热器是组成各种太阳能热利用系统的关键部件。无论是太阳能热水器、太阳灶、主动式太阳房、太阳能温室还是太阳能干燥、太阳能工业加热、太阳能热发电等都离不开太阳能集热器，它们都是以太阳能集热器作为系统的动力或者是核心部件的。

太阳能集热器的主要分类有：

1. 按集热器的传热工质类型分：液体集热器和空气集热器。

2. 按进入采光口的太阳辐射是否改变方向分：聚光型集热器和非聚光型集热器。

3. 按集热器是否跟踪太阳分为：跟踪集热器和非跟踪集热器。

4. 按集热器内是否有真空空间分为：平板型集热器和真空管集热器。

5. 按集热器的工作温度范围分为：低温集热器、中温集热器和高温集热器。

6. 按集热板使用材料分为：纯铜集热板、铜铝复合集热板和纯铝集热板。

◎平板型太阳能集热器

平板型太阳能集热器主要由吸热板、透明盖板、隔热层和外壳等几部分组成。用平板型太阳能集热器组成的热水器即平板太阳能热水器。

当平板型太阳能集热器工作时，太阳辐射穿过透明盖板后，把光的能量投射在吸热板上，被吸热板吸收并转化成热能，然后传递给吸热板内的传热工质，使传热工质的温度逐渐地升高，作为集热器的有用能量输出；与此同时，温度升高后的吸热板不可避免地要通过传导、

※ 平板型太阳能集热器

对流和辐射等方式向四周散热，成为集热器的热量损失。

平板型太阳集热器是太阳集热器中的一种最基本的类型。整个集热器的结构非常地简单、运行十分地可靠、成本也比较适宜，还具有承压能力强和吸热面积大等特点，是太阳能与建筑结合最佳选择的集热器类型之一。

根据 IEA 报告，到 2004 年底，平板型集热器占总市场份额的 35%，真空管集热器占 41%。如果不统计无盖板的太阳能集热器，欧洲、日本和以色列等国家均是以平板型集热器为主，约占市场份额的 90%；国内市场以真空管为主，2005 年约占市场份额的 87%，平板型集热器只占 12%。

国内平板集热器从上世纪 80 年代的市场统治地位逐步下滑到 12% 左右，这样的结果是由众多原因造成的：1. 直接系统的平板热水器在寒冷的冬季不能防冻，须排空，因此冬季不能使用而且维护起来比较复杂；2. 全玻璃真空管热水器在全国大部分的地区都可以全年使用；3. 全玻璃真空管由于技术不断创新，而且成本大幅度降低，生产企业迅速增加，促进太阳能热水器市场迅速扩大。因此，目前家用热水器国内市场格局是由于产品的特点和价格等因素形成的，这样可以预见在家用热水器中低档市场中仍将是以全玻璃真空管热水器为主。

国外太阳能市场主要以平板集热器为主，这是由国外太阳能系统设计理念不同造成的。国外系统一般采用间接系统、分体式系统和闭式承压系统，这类系统一般最初的投资高，但整个系统可靠、维护成本低、水质不会污染和系统寿命长。针对这一系统，平板集热器体现出其自身的主要技术优势：1. 平板集热器最适合用于承压系统；2. 最适合于双循环的太阳能热水器；3. 最有利用实现太阳能热水器与建筑结合；4. 系统寿命长，维护费用低；5. 大多数情况下可以提供更多的生活热水；6. 平板集热器用于太阳能采暖系统时能比较方便解决非采暖季节的系统过热问题。因此，在太阳能系统工程、分体式太阳能热水器和对太阳能与建筑一体化有要求的场所，平板集热器比全玻璃真空管集热器在系统寿命、系统维护等方面都具有明显的优势。

目前，国内生产的平板太阳能集热器和国外先进水平仍存在一定的差距。从国内厂家送检测试结果和部分 SPF 检测报告的对比中可以得出：我国太阳能集热器瞬时效率的截距要低于国外的产品，热损系数差别也很大。这表明现有产品在玻璃透过率、高效选择性涂层和整体结构设计方面与国外仍存在差距，因此国内厂家需要努力提高平板太阳能集热器产品性能，开展高效平板太阳能集热器的研发。尤其在寒冷地区或太阳能采暖等场合，集热器热性能对太阳能系统收益影响特别显著。

◎真空管太阳能集热器

所谓真空管集热器就是将吸热体与透明盖层之间的空间抽成真空的太阳能集热器。用真空管集热器部件组成的热水器就是真空管热水器。

◎陶瓷太阳能集热器

陶瓷太阳能集热器主要由陶瓷太阳能板、透明盖板、保温层和外壳等几部分组成。用陶瓷太阳能集热器组成的热水器就是陶瓷太阳能

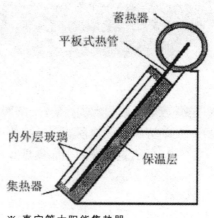

※ 真空管太阳能集热器

热水器。

当陶瓷太阳能集热器工作时，太阳辐射穿过透明盖板后，投射在陶瓷太阳能板上，被陶瓷太阳能板吸收并转化成热能，然后传递给吸热板内的传热工质，使传热工质的温度升高，作为集热器的有用能量输出。陶瓷太阳能板是以普通陶瓷为基体，立体网状钒钛黑瓷为表面层的中空薄壁扁盒式太阳能集热体。其整体为瓷质材料，不透水、不渗水、强度高、刚性好，不腐蚀、不老化、不褪色，无毒、无害、无放射性，阳光吸收率不会衰减，具有长期高效的光热转换效率。

> **知识窗**
>
> 南极大陆四季被冰雪覆盖，草木不生，为何会有"绿洲"呢？
>
> 所谓"绿洲"，并不是人们常见的郁郁葱葱的树木花草之地，而是指南极大陆上那些没有被冰封雪盖的露岩地区。由于南极考察人员长年累月的生活和工作在冰天雪地的白色世界里，单调、乏味、枯燥的环境使他们非常向往多彩世界，当他们发现没有冰雪覆盖的地方时，不禁倍感亲切，于是便将这些地方称为南极洲的"绿洲"。南极绿洲约占南极洲面积的5%，含有干谷、湖泊、火山和山峰，最为有名的是班戈绿洲、麦克默多绿洲和南极半岛绿洲。
>
> 关于绿洲的起源与成因，科学家们认为，由于绿洲的位置都在火山活动区，故与火山有直接的关系，如麦克默多绿洲就在著名的埃里伯斯火山附近，火山喷发及伴生的地热活动，是形成绿洲的重要原因。当然，绿洲的形成还与太阳辐射和岩石的颜色有关，如南极半岛绿洲地处极圈外，日照时间长，气温较高，加上这里基本是赤褐色的火成岩区，有形成绿洲的最佳条件。绿洲是科学研究的一个宝贵窗口，它对揭开这块神秘的大陆具有重要的科学价值。
>
> 与整个南极大陆相比，"绿洲"所占比例极小，但这弥足珍贵的"绿洲"却在整个极地生态系统中扮演着"大角色"。研究发现，在南极东部区域，超过90%的阿黛利企鹅都以"绿洲"为家。"绿洲"的生态环境在很大程度上决定了周边企鹅群体的兴衰。

拓展思考

1. 太阳能集热器的定义是什么？
2. 什么是陶瓷太阳能集热器？

太阳能热水系统

Tai Yang Neng Re Shui Xi Tong

太阳能热水系统是利用太阳能集热器，收集太阳辐射能把水加热的一种装置，是目前太阳热能应用发展中最具经济价值、技术最成熟且已商业化的一项应用产品。太阳能热水系统以加热循环方式进行分类，主要分为：自然循环式太阳能热水器、强制循环式太阳能热水系统和储置式太阳能热水器三种。

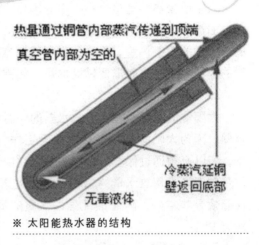

热量通过铜管内部蒸汽传递到顶端
真空管内部为空的
冷蒸汽延铜壁返回底部
无毒液体

※ 太阳能热水器的结构

高效利用太阳能热水的目的主要包括以下五方面：

1. 环保效益——这一效益相对于使用化石燃料制造热水，能减少对环境的污染及温室气体——二氧化碳的产生。

2. 节省能源——太阳能是属于每个人的能源，只要有场地与设备，任何人都可免费使用。

3. 安全——太阳能的安全性非常高，不像使用瓦斯有爆炸或中毒的危险，或使用燃料油锅炉有爆炸的顾虑，或使用电力会有漏电的可能等等。

4. 不占空间——不需要专门的人操作，而是自动运转。另外，太阳能热水器一般装在屋顶上，不会占用任何室内空间。

5. 具有经济效益——正常的太阳能热水器是不会轻易被损坏的，寿命至少在 10 年以上，甚至有到 20 年的，因为基本热源为免费的太阳能，所以使用它十分符合经济成本效益。

◎太阳能热水系统

太阳能热水系统主要包括：太阳能集热器、保温水箱、连接管路、控制中心和热交换器。下面我们对各个部件做一个简单的介绍：

1. 太阳能集热器

太阳能集热器是整个系统中的集热元件，其功能相当于电热水器中的电加热管。它与电热水器和燃气热水器不同的是，太阳能集热器利用的是太阳的辐射热量。因此，太阳能加热器的加热时间只能在有太阳照射的白昼，所以有时需要辅助加热，如锅炉、电加热等。

2. 保温水箱

太阳能的保温水箱和电热水器的保温水箱是一样的，是储存热水的容器。因为太阳能热水器只能白天工作，而人们一般在晚上才使用热水，所以必须通过保温水箱把集热器在白天产出的热水储存起来。容积就是每天晚上用热水量的总和。采用力诺瑞特搪瓷内胆承压保温水箱，保温效果非常好，耐腐蚀性强，水质的清洁度很高，使用寿命可长达20年以上。

3. 连接管路

连接管路是将热水从集热器输送到保温水箱里、将冷水从保温水箱输送到集热器的通道，使整套系统形成一个闭合的环路。系统设计合理、连接正确的循环管道对太阳能系统是否能达到最佳工作状态至关重要。热水管道必须做保温处理。只有管道有很高的质量，才能保证有20年以上的使用寿命。

4. 控制中心

太阳能热水系统与普通太阳能热水器的主要区别是控制中心。作为一个系统，控制中心负责整个系统的监控、运行和调节，现在的技术已经可以保证互联网远程控制系统的正常的运行。太阳能热水系统控制中心主要由电脑软件和变电箱及循环泵组成。

5. 热交换器

板壳式全焊接换热器吸取了可拆板式换热器高效、紧凑的优点，弥补了管壳式换热器换热效率低、占地面积大的缺点。板壳式换热器传热板片呈波状椭圆形，相对于目前的圆形板片增加了热长，大大提高了传热的性能。热交换器广泛用于高温、高压条件的换热工况。

※ 太阳能热水系统控制中心

◎系统的结构

系统的结构特点包括自然循环太阳能热水系统、强制循环太阳能热水系统和直流式太阳能热水系统。

1. 自然循环太阳能热水系统

自然循环太阳能热水系统主要是依靠集热器和储水箱中的温差，形成系统的热虹吸压头，使水在系统中不断地循环；与此同时，系统将集热器的有用能量收益通过加热水，不断将水储存在储水箱内。

在系统的运行过程中，集热器内的水受到太阳能的辐射能连续地加热，温度会升高，密度却降低，加热之后的水在集热器内逐步上升，从集热器的上循环管进入储水箱的上部；与此同时，储水箱底部的冷水由下循环管流入集热器的底部；经过一段时间之后，储水箱中的水形成了明显的温度分层，上层水首先达到可使用的温度，直至整个储水箱的水都可以使用。

在用热水的时候，可以采用两种取热水的方法：一种是有补水箱，由补水箱向储水箱底部不断地补充冷水，将储水箱上层热水顶出使用，其水位由补水箱内的浮球阀控制，有时称这种方法为顶水法；另一种是无补水箱，热水依靠本身重力从储水箱底部迅速地落下使用，有时称这种方法为落水法。

2. 强制循环太阳能热水系统

强制循环太阳能热水系统是在集热器和储水箱之间管路上设置水泵，水泵作为系统中水的循环动力；与此同时，集热器的有用能量收益通过加热水，不断储存在储水箱内。

在系统运行的过程中，循环泵的启动和关闭必须要有相应的控制系统，否则既浪费电能又损失热能。通常温差控制较为普及，有时还同时应用温差控制和光电控制。

温差控制是利用集热器出口处水温和储水箱底部水温之间的温差来控制循环泵的运行活动。

早晨日出后，集热器内的水受到太阳辐射后开始慢慢加热，温度不断升高，一旦集热器出口处温度和储水箱底部水温之间的温差达到固定的数值时，温差控制器给出信号，启动循环泵，系统开始运行；遇到云遮日或下午日落前，太阳辐照度逐渐地降低，集热器温度逐步下降，一旦集热器出口处水温和储水箱底部水温之间的温差达到另一设定值时，温差控制器给出信号，关闭循环泵，系统停止运行。

用热水时，同样可以用两种取热水的方法：顶水法和落水法。

顶水法是一种向储水箱底部补充冷水的方法，将储水箱上层热水顶出使用；落水法则是依靠热水本身重力从储水箱底部使水落下之后使用。在强制循环条件下，由于储水箱内的水得到充分的混合，不出现明显的温度分层，所以顶水法和落水法从一开始就都可以取到热水。顶水法与落水法相比，其优点是热水在压力下的

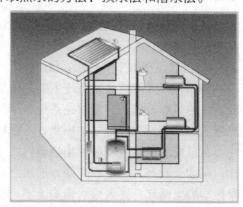

※ 太阳能取水图

喷淋可提高使用者的舒适度，而且不必考虑向储水箱补水的问题；缺点就是从储水箱底部进入的冷水会与储水箱内的热水掺混。落水法的优点是没有冷水与热水的掺混，但缺点是热水靠重力落下而影响使用者的舒

适度，而且使用者必须每天考虑向储水箱储补水的问题。

在双回路的强制系统循环中，换热器既可以是置于储水箱内的浸没式换热器，同样也可以是置于储水箱外的板式换热器。板式换热器与浸没式换热器相比，有很多的优点：其一，板式换热器的换热面积非常大，传热温差比较小，对系统效率影响少；其二，板式换热器设置在系统管路之中，灵活性比较大，便于整个系统设计、布置；其三，板式换热器已商品化、标准化，质量能够得到保证，可靠性好。

强制循环系统可适用于大、中、小型各种规模的太阳能热水系统。

3. 直流式太阳能热水系统

直流式太阳能热水系统是使水在循环的过程中一次通过集热器就被加热到所需的温度，被加热的热水陆陆续续的进入储水箱中，以备使用。

系统在运行过程中，为了使水的温度符合用户的要求，通常

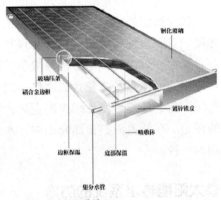

※ 太阳能循环系统

采用定温放水的方法。集热器进口管与自来水管连接，集热器内的水受太阳辐射能加热之后，温度逐步地升高。在集热器出口处安装测温元件，通过温度控制器，控制安装在集热器进口管理上电动阀的开度，根据集热器出口的温度来调节集热器进口水流量，使出口水温始终保持恒定。这种系统运行的可靠性取决于变流量电动阀和控制器的工作质量。

有些系统为了避免对电动阀和控制器提出苛刻的要求，将电动阀安装在集热器出口处，而且电动阀只有开启和关闭两种状态。当集热器出口温度达到某一设定值时，通过温度控制器，开启电动阀，热水从集热器的出口注入贮水箱，与此同时，冷水能够补充进入集热器，直到集热器出口温度低于设定值时，关闭电动阀，然后重复上述过程。这种定温放水的方法虽然比较简单，但是由于电动阀关闭有滞后的现象，所以得到的热水温度会比固定的数值低一些。

直流式系统具有很多的优点：其一，与强制循环系统相比，不需要设置水泵；其二，与自然循环系统相比，储水箱可以放在室内；其三，

认识我们身边的太阳能

与循环系统相比，每天较早地得到可用热水，而且只要有一段见晴时刻，就可以得到一定量的可用热水；其四，容易实现冬季夜间系统排空防冻的设计。直流式系统的缺点是要求性能可靠的变流量电动阀和控制器，使系统内部结构复杂，投资增大。

直流式系统主要适用于大型太阳能热水系统。

◎系统的热储存

在太阳能热水系统中，储水箱主要用于储存由太阳能集热器产生的热量，有时也称为储热水箱。合理利用液体进行储存热量，是各种热储存方式中在理论和技术上都最成熟、推广和应用最普遍的一种。通常所希望用的液体除具有较大的比热容之外，还具有较高的沸点和较低的蒸气压，前者是避免发生相应的变化，后者则是为了减小对储容容器产生的压力。在低温液态蓄热介质中，水是性能是最好的，因而也是最常使用的一种。

◎太阳能热水系统的防冻

太阳能热水系统中的集热器以及置于室外的管路，在严冬季节常常会因为积存在其中的水结冰膨胀而出现胀裂损坏，尤其是在高纬度寒冷的地区，因此必须从技术上考虑太阳能热水系统的"越冬"防冻措施。目前常用的太阳能热水系统防冻措施大致有以下几种：

※ 集热器的组成

1. 选用防冻的太阳能集热器

集热器是太阳能热水系统中必须暴露在室外的重要部件。如果直接选用具有防冻功能的集热器，就可以避免对集热器在严冬季节出现冻坏的担忧。

热管平板集热器也是一种具有防冻功能的集热器，热管平板集热器与普通平板集热器的不同之处在于，它的吸热板的排管用热管代替，以低沸点和低凝固点介质作为热管的工质，因而吸热板也不容易被冻坏。不过由于热管平板集热器的技术经济性能不及上述真空管集热器，因此其目前应用尚不广泛。

2. 使用防冻液的双循环系统

双循环系统就是在太阳能热水系统中设置换热器，集热器与换热器的热侧组成，并使用低凝固点的防冻液作为传热工质，从而实现系统的防冻。双循环系统在自然循环和强制循环两类太阳能热水系统中都可以使用。

在自然循环系统中，尽管第一回路使用了防冻液，但是由于储水箱置于室外，系统的补冷水箱与供热水管也有一部分敷设在室外，在严寒的冬夜，这些室外管路虽然有相应的保温措施，但是仍然不能避免管中的水不结冰。因此，在系统设计时需要考虑采取某种设施，在使用完之后使管路中的热水排空。例如采用虹吸式取热水管，兼作补冷水管，在其顶部设置一个大气阀，控制其开闭，实现该管路的排空。

3. 采用自动落水的回流系统

在强制循环的单回路系统中，一般都是采用温差控制循环水泵的运转，储水箱通常置于室内。在冬季的白天，有足够的太阳光照射时，温差控制器开启循环水泵，集热器可以正常运行；在夜晚或者是阴天下雨太阳辐照不足时，温差控制器关闭循环水泵，这时集热器和管路中的水由于重力作用全部回流到贮水箱中，避免因集热器和管路中的水结冰而损坏；等到第二天白天或太阳辐照再次足够的时候，温差控制器再次开启循环水泵，将储水箱内的水重新泵入偏执器中，系统可以继续运行着。这种防冻系统简单而且可靠，不需要增设其他设备，但系统中的循环水泵要有较高的扬程。

近几年来，国外开始将回流防冻措施应用于双回路系统，其第一回路不使用防冻液而仍然使用水作为集热器的传热介质。当夜晚或阴天太阳辐照不足时，循环水泵自动关闭，集热器中的水通过虹作用流入专门设置的小储水箱中，待次日白天或太阳辐照再次足够时，重新泵入集热器，使系统继续运行。这就是著名的自动落水的回流系统。

4. 采用排空存水的排放系统

在自然循环或者是强制循环的单回路系统中，在集热器吸热体的下部或者是室外环境温度最低处的管路上埋设温度敏感元件，连接到控制器。当集热器内或室外管路中的水温接近冻结温度时，控制器将根据温度敏感元件传送的信号，开启排放阀和通大气阀，集热器和室外管路中

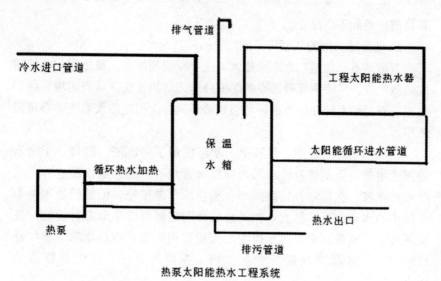

热泵太阳能热水工程系统

※ 自动落水的回流系统

的水由于重力作用而被排放到系统外，不再重新使用，从而达到防冻的目的。

5. 储水箱热水夜间自动循环

在强制循环的单回路系统中，在集热器吸热体的下部或室外环境温度最低处的管路上埋置温度敏感元件，连接着控制器。当集热器内或者是室外管路中的水温接近冻结温度时，控制器打开电源，启动循环水泵，将储水箱内的热水送往集热器，使集热器和管路中的水温升高。当集热器或管路中的水温升高到某设定值时，控制器关断所有的电源，循环水泵停止工作。这种防冻方法由于要消耗一定的动力以驱动循环水泵，因而适用于偶尔发生冰冻的非严寒地带。

6. 室外管路上敷设自限式电热带

在自然循环或强制循环的单回路系统中，将室外管路中最易结冰的部分敷设自限式电热带。自限式电热带是利用一个热敏电阻设置在电热带附近并接到电热带的电路中。当电热带通电后，在加热管路中水的同时也使热敏电阻的温度升高，随之热敏电阻的电阻增加；当热敏电阻的电阻增加到某个数值时，电路中断，电热带停止通电，温度逐步下降。这样无数次重复，既保证室外管路中的水不结冰，又防止电热带温度过高造成危险。这种防冻方法也要消耗一定的电能，但对于十分寒冷的地区还是行之有效的。

▶知 识 窗

　　地球的历史和现状，是和水分不开的。地球的未来，在很大程度上是和水的多少，以及水的存在形态密切相连的。有一种学说认为，在远古时代，现在的南极大陆和北极圈里的格陵兰等岛屿，都曾被热带森林所覆盖。那时是"水进冰退"，后来，又经历了一个"冰进水退"的时代，南极大陆和格陵兰等北极圈内的不少岛屿常年被冰封着。

　　冰川是固态的水，是地球上主要的淡水资源，地球上90%的淡水资源蕴藏于冰川。所以，冰川又称为"地球的固体水库"。冰川是地球在一定条件下变化的产物，是科学家研究气候变化的窗口，也是地球气候变化的寒暑表。北极冰川气候的变化对人类生活影响很大，尤其北半球，更容易受到北极冰川变化的直接影响。

　　人类在迈向文明的同时，也直接造成了生态环境的破坏。既然北极冰川对于研究人类的生存环境有着特殊的意义，那么人类不能再把北极冰川的水资源弄脏了。

|拓展思考|

1. 太阳能热水系统以加热循环方式进行分类可分为哪几种？
2. 太阳能热水系统是由什么组成的？

太阳能电池板

Tai Yang Neng Dian Chi Ban

硅 是太阳能电池板的主要材料，硅是地球上储藏最丰量的材料之一。

◎分类

太阳能电池板的分类主要有：晶体硅电池板、非晶硅电池板和化学染料电池板。按照材料的不同可以将太阳能电池板分成不同类型。

晶体硅电池板：多晶硅太阳能电池和单晶硅太阳能电池。

非晶硅电池板：薄膜太阳能电池和有机太阳能电池。

化学染料电池板：染料敏化太阳能电池。

※ 太阳能电池板

◎发电系统

太阳能发电系统由太阳能电池组、太阳能控制器和蓄电池组成。例如输出的电源为交流 220 伏或 110 伏，还需要配置逆变器。各部分的作用为：

1. 太阳能电池板：太阳能电池板是太阳能发电系统中的核心部分，同时也是太阳能发电系统中价值最高的部分。它的主要作用是将太阳能转化为电能，或者是送往蓄电池中存储起来，或者是推动负载工作。太阳能电池板的质量和成本将直接决定整个系统的质量和成本。

2. 太阳能控制器：太阳能控制器的作用是控制整个系统的工作状

态，并对蓄电池起到过充电保护和过放电保护的作用。在温差较大的地方，合格的控制器还应具备温度补偿的功能。其他附加功能如有光控开关和时控开关，这些都是控制器的可选项。

3. 蓄电池：一般都是铅酸电池，一般有 12 伏和 24 伏这两种，在小微型系统中，也可以用镍氢电池、镍镉电池或锂电池。蓄电池的主要作用是在有光照时将太阳能电池板所发出的电能储存起来，到需要的时候再全部释放出来。

4. 逆变器：在生活中的许多场合，都需要提供有交流电 220 伏和交流电 110 伏的交流电源。由于太阳能的直接输出一般都是直流电 12 伏、直流电 24 伏、直流电 48 伏。为能向交流电 220 伏的电器提供电能，需要将太阳能发电系统所发出的直流电能转换成相应的交流电能，因此需要使用直流电－交流电逆变器。在某些特殊的场合，需要使用多种电压的负载时，也要用到直流电－交流电逆变器，例如将 24VDC 的电能转换成 5VDC 的电能。

◎晶体硅太阳能电池的制作过程

晶体硅太阳能电池

硅是人类这个星球上储藏最丰量的材料之一。自从 19 世纪科学家们发现了晶体硅的半导体特性后，它几乎改变了一切，甚至人类发展的思维。到了 20 世纪末，人类在生活中处处可见硅的身影和作用，晶体硅太阳能电池是近 15 年来形成产业化发展最快的材料。其生产过程大致可分为五

※ 晶体硅太阳能电池

个步骤：a. 提纯过程；b. 拉棒过程；c. 切片过程；d. 制电池过程；e.

封装过程。

◎工作原理

太阳光照在半导体 p－n 结上，形成新的空穴－电子对，在 p－n 结电场的作用下，空穴由 n 区流向 p 区，电子由 p 区流向 n 区，接通电路后就形成电流。这就是光电效应太阳能电池的工作原理。

太阳能发电有两种方式：一种是光—热—电转换方式，另一种则是光—电直接转换方式。

1. 光—热—电转换方式

这种方式主要是通过利用太阳辐射产生的热能发电进行转换的，一般是由太阳能集热器将所吸收的热能转换成工质的蒸汽，再通过驱动汽轮机进行发电。前一个过程是光—热转换过程，后一个过程则是热—电转换过程，与普通的火力发电一样。太阳能热发电的缺点是效率很低而成本很高，估计它的投资至少要比普通火电站贵 5～10 倍。一座 1,000 兆瓦的太阳能热电站需要投资 20 亿～25 亿美元，平均下来 1 千瓦的投资大约为 2,000～2,500 美元。因此，目前只能小规模地应用于特殊的场合，而大规模利用在经济上是非常不划算的，还不能与普通的火电站或核电站相竞争。

2. 光—电直接转换方式

这种方式的转换是利用光电效应，将太阳辐射能直接转换成电能，光—电转换的基本装置就是太阳能电池。太阳能电池是一种由于光生伏特效应而将太阳光能直接转化为电能的器件，是一个半导体光电二极管，当太阳光照到光电二极管上时，光电二极管就会把太阳的光能变成电能，从而产生电流。当许多个电池串联或并联起来就可以成为有比较大的输出功率的太阳能电池方阵了。太阳能电池是一种大有前途的新型电源，具有永久性、清洁性和灵活性三大优点。太阳能电池寿命长，只要太阳存在，太阳能电池就可以一次投资而长时间使用；与火力发电和核能发电相比，太阳能电池不会引起环境污染；太阳能电池的使用大到百万千瓦的中型电站，小到只供一户用的太阳能电池组，这是其他电源无法相比的。

太阳能电池板的原料主要包括：玻璃、EVA，电池片、铝合金壳、包锡铜片、不锈钢支架和蓄电池等。

认识我们身边的太阳能

◎新型涂层研发成功

2008 年，美国伦斯勒理工学院研究人员开发出了一种新型涂层，将其覆盖在太阳能电池板上能使后者的阳光吸收率提高到 96.2%，而普通太阳能电池板的阳光吸收率仅为 70% 左右。

新涂层主要解决了太阳能电池利用的两个技术难题：一是帮助太阳能电池板吸收几乎全部的太阳光谱；二是使太阳能电池板大面积吸收来自更大角度的太阳光，从而大大提高了太阳能电池板吸收太阳光的效率。

普通太阳能电池板通常只能吸收部分太阳光谱，而且通常只在吸收直射的太阳光时工作效率较高，因此很多太阳能装置配备都有自动调整系统，以保证太阳能电池板始终与太阳保持最有利于吸收能量的角度。

除了常用的单晶硅、多晶硅和非晶硅电池之外，多元化合物太阳电池指的不是用单一元素半导体材料制成的太阳电池。现在各个国家研究的品种较多，大多数尚未工业化生产，主要有三种：1. 硫化镉太阳能电池；2. 砷化镓太阳能电池；3. 铜铟硒太阳能电池。

◎光伏发电的工作原理

光伏发电的工作原理是利用半导体界面的光生伏特效应而将光能直接转变为电能的一种技术。这种技术中最关键的元件是太阳能电池。太阳能电池经过连接之后进行封装保护可形成大面积的太阳电池组件，再加上功率控制器等部件就形成了光伏发电装置。光伏发电的主要优点是因为阳光普照大地，所以光伏发电较少受地域的限制。光伏系统还具有安全可靠、无噪声、低污染、无需消耗燃料和架设输电线路即可就地发电供电及建设周期短的优点。

光伏发电根据的就是光生伏特效应原理，合理利用太阳能电池将太阳光能直接转化为电能。不论是独立使用的电源还是并网的发电系统，光伏发电系统主要由太阳能电池板、控制器和逆变器三大部分组成，它们主要由电子元器件构成，不涉及机械部件。所以，光伏发电设备极为精炼，可靠、稳定、寿命长、安装维护简便。从理论上来讲，光伏发电技术可以用于任何需要电源的场合，上至航天器，下至家用电源，大到兆瓦级电站，小到玩具。太阳能光伏发电的最基本元件是太阳能电池，有单晶硅、多晶硅、非晶硅和薄膜电池等。目前，单晶硅和多晶硅电池用量最大，非晶硅电池用于一些小系统和计算器辅助电源等。

国外晶体硅电池效率约 18%～23%。国产同类产品的效率在 10%～13% 左右。由一个或多个太阳能电池片

※ 光伏发电

组成的太阳能电池板被称为光伏组件。目前，光伏发电产品主要应用于三大方面：一是为无电场合提供电源，主要为广大无电地区居民生活生产提供电力，还有微波中继电源和通讯电源等，另外，还包括一些移动电源和备用电源；二是太阳能日用电子产品，如各类太阳能充电器、太阳能路灯和太阳能草坪灯等；三是并网发电，这在发达国家已经大面积推广实施。我国的并网发电尚未起步。不过，2008 年北京奥运会部分用电是由太阳能发电和风力发电提供。

◎组成

1. 单晶硅太阳能电池

单晶硅太阳能电池的光电转换效率为 15%，最高的达到 24%。这是目前所有种类的太阳能电池中光电转换效率最高的，但其制作成本比较大，以至于它还不能被普遍使用。由于单晶硅一般都是采用钢化玻璃以及防水树脂进行封装，因此其坚固耐用，使用寿命一般可达 15 年，最长可达 25 年。

2. 多晶硅太阳能电池

多晶硅太阳电池的制作工艺与单晶硅太阳电池基本相同，但是多晶硅太阳能电池的光电转换效率则降低不少，其光电转换效率约 12%。从制作成本上来讲，比单晶硅太阳能电池的价格要便宜一些，材料制造简便，节约电耗，总的生产成本较低，因此此产品得到大量的使用。此外，多晶硅太阳能电池的使用寿命也要比单晶硅太阳能电池短。从性能

认识我们身边的太阳能

48

价格比上来讲，单晶硅太阳能电池要好一些。

3. 非晶硅太阳能电池

1976 年出现的新型薄膜式太阳电池是非晶硅太阳电池，它与单晶硅和多晶硅太阳电池的制作方法完全不同，工艺过程大大简化，硅材料消耗很少，电耗更低。然而，它的主要优点是在弱光条件也能发电。但非晶硅太阳电池存在的主要问题是光电转换效率偏低，目前国际先进水平为 10% 左右，且不够稳定，随着时间的延长，其转换效率明显下降。

4. 多元化合物太阳电池

多元化合物太阳电池指不是用单一元素半导体材料制成的太阳电池。现在各国研究的品种繁多，大多数尚未工业化生产，主要有以下几种：①硫化镉太阳能电池；②砷化镓太阳能电池；③铜铟硒太阳能电池。

$Cu(In, Ga)Se_2$ 是一种性能良好的太阳光吸收材料，是具有梯度能带间隙多元的半导体材料，可以扩大太阳能所吸收光谱的面积，进而提高光电转化效率。以它为基础可以设计出光电转换效率比硅薄膜太阳能电池有明显提高的薄膜太阳能电池。可以达到的光电转化率为 18%。而且，到目前为止此类薄膜太阳能电池未发现有光辐射引致性能衰退效应（SWE），其光电转化效率比目前商用的薄膜太阳能电池板提高约 50%～75%，在薄膜太阳能电池中属于世界最高水平的光电转化效率。

◎寿命

现在太阳能电池板厂家提供的数据是包用 20 年，不是储能的铅酸电池，只是电池板。现在每瓦的价格在国内差不多 9～12 元，国际价格每瓦 1.6～1.9 美元。

功率计算方法

太阳能交流发电系统是由太阳电池板、充电控制器、逆变器和蓄电池四部分组成。太阳能直流发电系统并不包括逆变器。为了使太阳能发电系统能为负载提供足够的电源，就要根据用电器的功率，合理选择各个部件。下面介绍一下计算方法，以 100 瓦输出功率，每天使用 6 个小时为例：

1. 首先应该计算出每天消耗的瓦时数：若逆变器的转换效率为 90%，则当输出功率为 100 瓦时，则实际需要输出功率应为 100 瓦÷

90％＝111 瓦；若按每天使用 5 小时，则耗电量为 111 瓦×5 小时＝555 瓦时。

2. 计算太阳能电池板：按每日有效日照时间为 6 小时计算，再考虑到充电效率和充电过程中的损耗，太阳能电池板的输出功率应为 555 瓦时／6 时／70％＝130 瓦。其中 70％是充电过程中太阳能电池板的实际使用功率。

太阳电池板主要应用的领域有：

1. 用户太阳能电源：（1）小型电源 10～100 瓦不等，用于边远无电地区如高原、海岛、牧区、边防哨所等军民生活用电，如照明、电视、收录机等；（2）3 千瓦～5 千瓦家庭屋顶并网发电系统；（3）光伏水泵：解决无电地区的深水井饮用、灌溉。

2. 交通领域：如航标灯、交通／铁路信号灯、交通警示／标志灯、宇翔路灯、高空障碍灯、高速公路／铁路无线电话亭、无人值守道班供电等。

3. 通信领域：太阳能无人值守微波中继站、光缆维护站、广播／通信／寻呼电源系统；农村载波电话光伏系统、小型通信机和士兵 GPS 供电等。

4. 石油、海洋、气象领域：石油管道和水库闸门阴极保护太阳能电源系统、石油钻井平台生活及应急电源、海洋检测设备、气象／水文观测设备等。

5. 灯具电源：如庭院灯、路灯、手提灯、野营灯、登山灯、垂钓灯、黑光灯、割胶灯和节能灯等。

6. 光伏电站：10 千瓦～50 兆瓦独立光伏电站、风光互补电站和各种大型充电站等。

7. 太阳能建筑：将太阳能发电与建筑材料相结合，使得未来的大型建筑实现电力自给，是未来一大发展方向。

※ 太阳能交流发电系统

8. 其他领域包括：（1）与汽车配套：太阳能汽车／电动车、电池充电设备、汽车空调、换气扇、冷饮箱等；（2）太阳能制氢加燃料电池的再生发电系统；（3）海水淡化设备供电；（4）卫星、航天器、空间太阳能电站等。

◎太阳能电池模组结构及其对背板的性能要求

一般按玻璃－胶膜－电池板－胶膜－TPT叠合于铝合金框内。由于太阳能电池模组是放置在室外的电气产品，因此背板除了具有保护作用以外，还必须具备25年之久的可靠的绝缘性能、阻水性、耐老化性能。

◎发展现状

目前美国、欧洲各国特别是德国、日本及印度等都在大力发展太阳电池应用，并且开始实施"十万屋顶"计划和"百万屋顶"计划等，极大地推动了光伏市场的发展。可见，太阳能事业发展的前途一片光明。

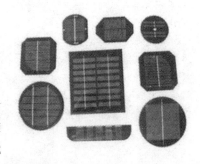

※ 太阳电池

▶ 知识窗

北极熊是北极地区最大的食肉动物，因此也就成了北极的主宰。如果说，企鹅是南极的象征，那么北极的象征自然就是北极熊了。但是，如果从生态平衡的角度来考虑，人们也许会提出这样的问题：既然狼群的捕猎目标是驯鹿和麝牛等北极最大的食草动物，那么还要北极熊干什么？是的，如果仅从陆上来看，北极熊的存在的确是有点多余，这种庞然大物也在草原上迎来逝去，不仅会对本来就为数不多的驯鹿和麝牛等其他动物的生存造成巨大的威胁，而且也会与狼群争食，使狼群陷入饥饿的境地。然而，深思熟虑的造物主自有其天衣无缝的巧妙安排，它让北极熊生活的中心地区是在冰盖上，因为那里有大量海象和海豹繁衍生息，除了为数极少的嗜杀鲸之外，基本上不存在什么天敌，它们那硕大肥胖的躯体又必须要有一种强大而贪食的动物去消耗，北极熊正好找到了用武之地。于是，北极熊便在这个茫茫无边的冰雪世界里确定了自己无可争议的统治地位，成了这个白色王国的主宰，不必再跑到陆地上去与可怜的狼群争食。尽管如此，北极熊仍然是一中陆生的动物。

北极熊全身披着厚厚的白毛，耳朵和脚掌亦是如此，仅鼻头和眼睛有一点黑，看上去非常可爱。北极熊身体上的毛发结构极其复杂，起着极好的保温隔热作用。因此，北极熊在浮冰上可以轻松自如地行走，完全不必担心北极的严寒。北极熊的体形呈流线型，善于游泳，熊掌宽大犹如双桨，因此在北冰洋那冰冷的海水里，它可以用两条前腿奋力前划，后腿并在一起，掌握着前进的方向，起着舵的作用，一口气可以畅游到四五十千米之外，在这一方面北极熊也算得上是游泳健将了。北极熊奔跑起来，风驰电掣、快如闪电，时速可达到 60 千米，但不能持续太久，只可进行短距离的冲刺。所以，在宽阔的陆地上，假若人和北极熊进行长跑比赛的话，北极熊必败无疑。

北极熊是狗熊里面的一种。北极熊虽然生活在寒冷刺骨的北极，但是它却满不在乎，反而在北极生活得无忧无虑。在一望无际的冰面上我们能看到北极熊矫健的身影，它们那纯白的毛，与北极冰天雪地的环境浑然一体。北极熊的毛可分两层：外面一层毛直立着，比较粗糙，能把太阳照射到身上的阳光全部吸收；里面的一层，是短而细密的绒毛，毛与毛之间充满着空气，这样就可以使身体的热量不容易散发，从而保持体温。另外，北极熊的耳朵和脚掌也都长着厚厚的毛，所以在寒冷的冬天里北极熊是不怕冷的。北极熊的性情非常凶猛，喜欢独来独往，从不结伴而行。它的捕食本领很高，冬天河水结冰后，它把冰破成冰窟窿，蹲在旁边，等候海豹上来。海豹一露头，它就一下子扑上去捉住吃掉。北极熊是北极稀有动物，备受游人的喜欢。

拓展思考

1. 硅的生产过程大致可分哪几步？
2. 光伏发电是根据什么原理？

认识我们身边的太阳能

太阳能发电

Tai Yang Neng Fa Dian

◎太阳能简介

太阳能是一种干净的并且可以再生的新型能源，它越来越受到人们的青睐，在人们生活和工作中得到广泛的应用，其中之一就是将太阳能转换为电能，太阳能电池就是利用太阳能工作的。而太阳能热电站的工作原理则是利用汇聚的太阳光，把水烧开至沸变为水蒸气，然后用来发电。

太阳能能源是一种来自地球外部天体的能源，是太阳中的氢原子核在超高温时聚变释放的巨大能量，人类所需要能量的绝大部分都是太阳传输过来的。煤炭、石油和天然气等化石燃料都是因为各种植物通过光合作用把太阳能转变成化学能在植物体内贮存下来，再由古代

※ 利用太阳能发电

埋在地下的动植物经过漫长的地质年代形成的。它们实质上是由古代生物固定下来的太阳能。此外，水能、风能、波浪能、海流能等也都是由太阳能转换来的。

◎太阳能发电类型

利用太阳能发电的类型主要有两大类：一类是太阳光发电；另一类是太阳热发电。

太阳光发电就是将太阳能直接转变成电能的一种发电方式。太阳能光发电主要包括光伏发电、光化学发电、光感应发电和光生物发电四种形式。在光化学发电中常见的有电化学光伏电池、光电解电池和光催化电池。

太阳能热发电一般都是先将太阳能转化为热能，再将热能转化成电能，这种转化有两种方式：一种是将太阳热能直接转化成电能，如半导体或者是金属材料的温差发电，真空器件中的热电子和热电离子发电，碱金属热电转换，以及磁流体发电等；另一种方式是将太阳热能通过热机带动发电机发电，这与常规热力发电极其的类似，只不过是其热能不是来自燃料，而是来自太阳能。

◎人们的生活离不开太阳能

随着经济的发展和社会的进步，人们对能源的要求是越来越高了，寻找新能源已经成为当前人类面临的迫切课题。现有电力能源的来源主要有 3 种，分别是火电、水电和核电。

◎火电的缺点

火电需燃烧煤、石油等化石燃料。缺点主要有两个方面：一方面是化石燃料蕴藏量极其有限，而且越烧越少，目前正面临着枯竭的危险，根据相关统计，全世界石油资源再有 30 年就会枯竭；另一方面燃烧燃料排出的二氧化碳和硫的氧化物都是有害的物质，因此会导致温室效应和酸雨，致使地球的自然环境恶化。

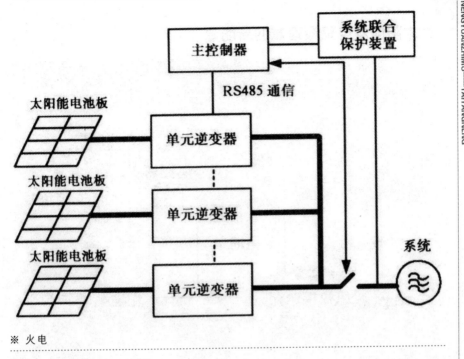

※ 火电

◎水电的缺点

水电会淹没大量的土地，有可能会导致生态环境的破坏，而且建成的大型水库一旦塌崩，对人类造成的后果是不堪设想的。另外，一个国家的水力资源也是有限的，而且还要受季节变化的影响。

◎核电的缺点

在正常情况下，核电固然是干净的，但万一发生核泄漏，后果同样是非常可怕的。苏联切尔诺贝利核电站事故，致使 900 万人受到了不同程度的伤害，而且这一影响并没有终止。

太阳能满足新能源的条件：

新能源必须同时符合两个条件：一是蕴藏丰富不会枯竭；二是安全、干净，不会威胁人类和破坏环境。目前找到的新能源主要有两种：一是太阳能，二是燃料电池。另外，风力发电也可算是辅助性的新能源。其中，人类最理想的新能源是太阳能。

◎太阳能发电是最理想的新能源

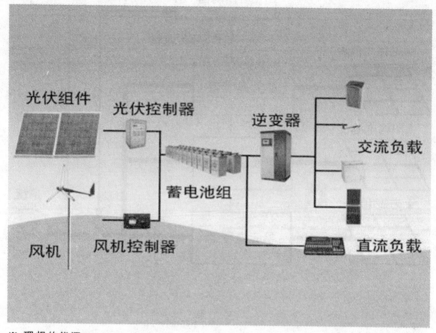

光伏组件

光伏控制器

逆变器

交流负载

蓄电池组

风机　风机控制器

直流负载

※ 理想的能源

　　照射在地球上的太阳能能量非常巨大，大约 40 分钟照射在地球上的太阳能，足以为全球人类提供一年能量的消费。可以简单地理解为，太阳能是真正取之不尽、用之不竭的能源。太阳能发电绝对干净，不产生任何公害。所以太阳能发电被誉为是理想的能源。

　　从太阳能获得电力，必须通过太阳电池进行光电变换来实现。太阳能发电与以往其他电源发电原理是完全不同的，具有以下特点：

　　①无枯竭危险；②绝对干净；③不受资源分布地域的限制；④可在用电处就近发电；⑤能源质量高；⑥使用者从感情上容易接受；⑦获取能源花费的时间短。

　　太能能发电也存在着不足的地方：①照射的能量分布密度小，即要占用巨大面积；②获得的能源同四季、昼夜及阴晴等自然条件有直接的关系。但总的来说，瑕不掩瑜，作为一种新能源，太阳能具有极大优点，因此受到世界各国的重视。

　　要想使太阳能发电真正达到实用水平，一是要提高太阳能光电变换效率并降低其成本，二是要实现太阳能发电同现在的电网联网。

目前，太阳能电池主要有单晶硅、多晶硅和非晶态硅三种。单晶硅太阳电池变换效率最高，已达 20％以上，但是价格也最贵。非晶态硅太阳电池变换效率最低，但价格最便宜，今后最有希望用于一般发电的将是这种电池。一旦它的大面积组件光电变换效率达到 10％，每瓦发电设备价格降到 1～2 美元时，便足以同现在的发电方式展开竞争。估计本世纪末便可达到这一水平。

当然，特殊用途和实验室中用的太阳电池比普通的太阳电池好得多，效率也要高得多。例如美国波音公司开发的由砷化镓半导体同锑化镓半导体重叠而成的太阳电池，光电变换效率可达 36％，快赶上了燃煤发电的效率。但由于它太贵，目前只能限于在卫星上使用。

◎太阳能发电原理

太阳能发电系统主要包括：太阳能电池组件、控制器、蓄电池、逆变器、用户即照明负载等组成。其中，太阳能电池组件和蓄电池为电源系统，控制器和逆变器为控制保护系统，负载为系统终端。

◎太阳能发电系统的结构和工作原理

太阳能发电是利用电池组件将太阳能直接转变为电能的装置。太阳能电池组件是利用半导体材料的电子学特性实现 P－V 转换的固体装置。在广大的无电力网地区，该装置可以方便地实现为用户照明及生活供电，一些发达国家还可与区域电网并网实现互补。目前从民用的角度，在国外，技术研究趋于成熟且初具产业化的是"光伏——建筑一体化"技术，而国内主要研究生产适用于无电地区家庭照明用的小型太阳能发电系统。

◎太阳能电源系统

太阳能电池与蓄电池组成系统的电源单元，因此蓄电池性能直接影响着系统工作特性。

1. 电池单元

由于技术和材料原因，单一电池的发电量是十分有限的。实用中的太阳能电池是单一电池经串、并联组成的电池系统，被称为电池组件。

单一电池是一只硅晶体二极管，根据半导体材料的电子学特性，当太阳光照射到由 P 型和 N 型两种不同导电类型的同质半导体材料构成的 P−N 结上时，在一定的条件下，太阳能辐射被半导体材料吸收，在导带和价带中产生非平衡载流子即电子和空穴。同于 P−N 结势垒区存在着较强的内建静电场，因而能在光照下形成电流密度 J，短路电流 Isc，开路电压 Uoc。若在内建电场的两侧面引出电极并接上负载，理论上讲由 P−N 结、连接电路和负载形成的回路，就有"光生电流"流过，太阳能电池组件就实现了对负载的功率 P 输出。

理论研究表明，太阳能电池组件的峰值功率 Pk，由当地的太阳平均辐射强度与末端的用电负荷（需电量）决定。

2. 电能储存单元

太阳能电池产生的直流电先进入蓄电池储存，蓄电池的特性影响着系统的工作效率和特性。蓄电池技术是十分成熟的，但其容量要受到末端需电量、日照时间的影响。因此蓄电池瓦时容量和安时容量由预定的连续无日照时间决定。

3. DC−AC 逆变器

逆变器按激励方式，可分为自激式振荡逆变和他激式振荡逆变。主要功能是将蓄电池的直流电逆变成交流电。通过全桥电路，一般采用 SPWM 处理器经过调制、滤波、升压等，得到与照明负载频率 f，额定电压 UN 等匹配的正弦交流电供系统终端用户使用。

4. 控制器

控制器的主要功能是使太阳能发电系统始终处于发电的最大功率点附近，以获得最高效率。而充电控制通常采用脉冲宽度调制技术即 PWM 控制方式，使整个系统始终运行于最大功率点 Pm 附近区域。放电控制主要是指当电池缺电、系统故障，如电池开路或接反时切断开关。目前日立公司研制出了既能跟踪调控点 Pm，又能跟踪太阳移动参数的"向日葵"式控制器，将固定电池组件的效率提高了 50% 左右。

◎太阳能发电系统的效率

在太阳能发电系统中，系统的总效率 η_{ese} 由电池组件的 PV 转换率、控制器效率、蓄电池效率、逆变器效率及负载的效率等组成。但相对于太阳能电池技术来讲，要比控制器、逆变器及照明负载等其它单元

认识我们身边的太阳能

的技术及生产水平要成熟得多，而且目前系统的转换率只有 70％左右。因此提高电池组件的转换率，降低单位功率造价是太阳能发电产业化的重点和难点。太阳能电池问世以来，晶体硅作为主角材料保持着统治地位。目前对硅电池转换率的研究，主要围绕着加大吸能面，例如双面电池，减小反射；运用吸杂技术减小半导体材料的复合；电池超薄型化；改进理论，建立新模型；聚光电池等。

◎太阳能发电的应用

太阳能的发电虽然受昼夜、晴雨和季节的影响，但它可以分散地进行，所以它适于各家各户分别进行发电，而且要联接到供电网络上，使得各个家庭在电力富裕的时候可将其卖给电力公司，供电系统不足的时候又可从电力公司买入。实现这一点的技术不难解决，主要在于要有相应的法律保障。现在美国和日本等发达国家都已制定了相应法律，保证进行太阳能发电的家庭利益，鼓励各个家庭都进行太阳能发电。

据日本有关部门估计，日本 2,100 万户个人住宅中如果有 80％装上太阳能发电设备，便可满足全国总电力需要的 14％，如果工厂及办公楼等单位用房也进行太阳能发电，则太阳能发电将占全国电力的 30％～40％。当前阻碍太阳能发电普及的最主要因素是费用昂贵。为了满足一般家庭电力需要的 3 千瓦发电系统，需要 600 万～700 万日元，还未包括安装的工钱。有关专家认为，当费用至少要降到 100 万～200 万日元时，太阳能发电才能够真正普及。降低费用的关键在于太阳电池提高变换效率和降低成本。

1992 年 4 月，日本已经实现了太阳能发电系统同电力公司电网的联网，并且已经有一些家庭开始安装太阳能发电设备。日本通产省从 1994 年开始以个人住宅为对象，实行对购买太阳能发电设备的费用补助 2/3 的制度。要求第一年有 1,000 户家庭、2000 年时有 7 万户家庭装上太阳能发电设备。

不久之前，美国德州仪器公司和 SCE 公司宣布，它们开发出一种新的太阳电池，每一单元是直径不到 1 毫米的小珠，它们密密麻麻规则地分布在柔软的铝箔上，就像许多蚕卵紧贴在纸上一样。在大约 50 平方厘米的面积上便分布有 1,700 个这样的单元。这种新电池的特点是，虽然变换效率只有 8％～10％，但价格非常便宜，而且铝箔底衬柔软结实，可以像布帛一样随意折叠且经久耐用，挂在向阳处便可发电，非常方便。据称，使用这种新太阳电池，每瓦发电能力的设备只要 1.5 美元至 2 美元，而且每发一度电的费用也可降到 14 美分左右，完全可以同普通电厂产生的电力相竞争。每个家庭将这种电池挂在向阳的屋顶、墙壁上，每年就可获得一二千度的电力。

◎太阳能发电的前景

通过太阳能发电，是科学家梦寐以求的事。然而，太阳能发电有更加激动人心的计划。一是由日本提出的创世纪计划，这项计划准备利用地面上沙漠和海洋面积同时进行发电，并通过超导电缆将全球太阳能发电站联成统一电网以便向全球供电。据测算，到 2000 年、2050 年、2100 年，即使全用太阳能发电供给全球能源，占地也不过为 65.11 万平方千米、186.79 万平方千米和 829.19 万平方千米。829.19 万平方千米占全部海洋面积的 2.3％或全部沙漠的 51.4％，甚至才是撒哈拉沙漠的 91.5％。因此这一方案是有可能实现的。另一个是天上发电方案。早在 1980 年，经过美国宇航局和能源部的研究，就提出了在空间建设太阳能发电站的设想，准备在同步轨道上放一个长 10 千米和宽 5 千米的大平板，上面布满太阳电池，这样便可提供 500 万千瓦电力。但这需

※ 巨大的太阳能发电厂

要解决向地面无线输电问题。现在又提出了利用微波束和激光束等各种方案。目前虽已用模型飞机实现了短距离、短时间和小功率的微波无线输电，但离真正的实用阶段还有一段漫长的路程。

随着中国科学技术的发展，在 2006 年，中国已经有三家企业进入了全球前十名，这标志着中国将成为全球新能源科技的中心之一，世界上太阳能光伏的广泛应用，导致了目前原材料的供应紧张和价格的上涨，人类在需要将技术推广的同时，必须采用新的技术，以便大幅度降低成本，为这一新能源的长远发展提供原动力。

太阳能的使用范围非常广泛，主要分为以下几个方面：家庭用小型太阳能电站、大型并网电站、建筑一体化光伏玻璃幕墙、太阳能路灯、风光互补路灯、风光互补供电系统等，现在主要的应用方式为建筑一体化和风光互补系统。

随着社会的进步，目前世界上已有近 200 家公司都在生产太阳能电池，但生产设备厂主要在日企的手中。

近年来韩国三星和 LG 都表示了积极参与的愿望，分布在中国海峡两岸的人们同样十分热心。根据相关报道，2008 年，我国台湾结晶硅太阳能电池生产能力达 2.2 吉瓦，以后将以每年 1 吉瓦生产的能力不断扩大，当年就开始生产薄膜太阳能电池，随后的几年里大力增强，中国台湾一直以来都期待向欧洲"太阳能电池大国"看齐。2010 年，各个国家及地区有 1 吉瓦以上生产计划的太阳能电池厂商有日本 Sharp、德国 Q—Cells 和中国的一些企业等 5 家公司，其余 7 家都是具有 500 万千瓦以上生产能力的公司。

近年来，太阳能电池市场在全世界大面积的高歌猛进，前途一片光明，但百年不遇的金融风暴带的经济危机，同样是压在太阳能电池市场头上的一片乌云，主要企业如德国 Q—Cells 的业绩应声下调。同样，太阳电池市场也会因需求疲软、石油价格下降而竞争力反提升等不利因素而下挫。与此同时，人们也看到美国，奥巴马上台后施行的一些政策，包括其内的绿色能源计划可有 1,500 亿美元的补助资金，日本也推行补助金制度来继续普及太阳能电池的应用。

◎太阳能电池发电原理

太阳能电池是一对光有响应并能将光能转换成电力的器件。能产生光伏效应的材料有许多种，如：单晶硅，多晶硅，非晶硅，砷化镓，硒

认识我们身边的太阳能

铟铜等。它们的发电原理基本相同，现以晶体硅为例描述光发电过程。P型晶体硅经过掺杂磷可得N型硅，形成P－N结。

当光线照射太阳能电池表面时，一部分光子被硅材料吸收；光子的能量传递给了硅原子，使电子发生了越迁，成为自由电子在P－N结两侧集聚形成了电位差，当外部接通电路时，在该电压的作用下，将会有电流流过外部电路产生一定的输出功率。这个过程的实质是：光子能量转换成电能的过程。

▶知识窗

　　鸵鸟的主食是草、叶、种子、嫩枝、多汁的植物、树根、带茎的花、及果实等等，有时候也吃蜥、蛇、幼鸟、小哺乳动物和一些昆虫等小动物，属于杂食性的动物。鸵鸟在吃食的时候，它们总是有意把一些沙粒也吃进去，因为鸵鸟消化能力比较差，吃一些沙粒可以帮助磨碎食物，促进消化，且不伤脾胃。

　　"鸵鸟心态"是一种逃避现实的心理，也是一种不敢面对问题的懦弱行为。现代社会就有很多这样的人，当面对压力的时候会采取回避态度，明知问题即将发生也不去想对策，结果只会使问题更加复杂、更难处理。就像鸵鸟被逼得走投无路时，就把头钻进沙子里，自以为安全，其实不然，这是一种掩耳盗铃的行为。殊不知，风险的存在是不以人的意志为转移的，它也无法被完全避免，你必须勇敢去面对，勇敢去承担，因为逃避不是办法，逃避责任的同时你很可能丧失了权利和成功的机会。逃避的人就是懦弱的人。

　　鸵鸟的营养价值：

　　1. 鸵鸟肉

　　鸵鸟肉的营养非常丰富，具有极高的营养价值，品质优于牛肉。其突出特点是：低脂肪、低胆固醇和低热量，可减少心血管疾病和癌症的发生。

　　2. 鸵鸟皮

　　鸵鸟皮的韧度比牛皮韧度多5倍。人们常常用鸵鸟皮做衣服和皮鞋，穿起来很舒适，缺点就是价格太贵。

┃拓展思考┃

1. 太阳能电池主要有哪三种？

2. 太阳能的使用主要分为哪几个方面？

3. 太阳能发电的优点是什么？

趣

味多多的太阳能

第三章

QUWEIDUODUODETAIYANGNENG

利用太阳能并把它转化为电能，使人类向科技领域迈进了一大步。太阳能是怎么造福人类的呢？请看本章节的介绍。

太阳能自行车

Tai Yang Neng Zi Xing Che

◎简单的介绍

　　太阳能自行车就是将太阳能直接转换成电能，驱动电机行驶的自行车。太阳能自行车主要由太阳电池、直流电机、蓄电池和自行车组成。太阳能自行车可以利用自然日光使自行车不用人力就可以快速前行，或者带有助力的功能。

　　太阳能电池是太阳能自行车的发电机，蓄电池把太阳能变成的电能储存起来，一方面提供自行车启动时所需的较大的启动电流，另一方面供人们在阴雨天和晚上使用。

※ 太阳能自行车

◎太阳能电池原理

太阳能电池是一个固态的器件，它吸收阳光并将光能直接转换为电能，完全依靠其内部的固体结构完成这一功能，没有任何活动部件，但是要装在自行车上，作为交通工具的唯一能源，则要求太阳电池能提供120 瓦功率的电源，相应的太阳电池面积为 1.2 平方米左右。而大面积硅太阳能电池，应用集成电路技术，把 N 型硅和 P 型硅与连接导线一起集成在光学玻璃基板上，组成 305 毫米×305 毫米方形太阳能电池，工作电压 12 伏，输出功率为 5 峰瓦，可以串联或者并联成各种电源。

◎自行车特点

20 世纪 80 年代，我国利用高速电机减速的方法，规定太阳能自行车的速度标准为每小时 22 千米。如果以自行车车轮直径 26 英寸计算的话，电机转速为每分钟 170 转。由于低速直流电机笨重，难于装在自行车上使用。生产的 24 伏直流电机，转速每分钟 3 500 转，用机械减速装置降低转速。但是，装在自行车上仍旧感到笨重。最近，先进电力技术的发展和人们对能源、安全及环境保护的重视，唤起了人们对低速直流电机的开发。我国相继开发了"电机、减速器、离合器"三位一体的电动轮毂，如电压为 24 伏和 36 伏的各种轮毂电机。轮毂外缘有小孔，可用辐条与轮辋连接。轮毂电机宽 80 毫米，直接可置换自行车的前轴或后轴。

◎目前缺陷

目前，电动自行车受到了续驶里程、功率、再充电能力和蓄电池寿命的障碍。传统的铅酸蓄电池，仅可充放电 400 次。如果蓄电池深放电使用，就是把蓄电池容量用完后直接充电，也只能使用 20 次，蓄电池也就完全失效。这一特点完全限制了电动自行车的发展。为此，美国能源部等联合出资 2.6 亿美元，成立美国现代电池国际财团，中长期开发"钠—硫蓄电池""镍—氢离子电池""锂—聚合物电池"和"锂—离子电池"。

降低蓄电池的放电率，减轻蓄电池深度放电和补充蓄电池的自放电损失，可数倍提高蓄电池的使用寿命。现在实际生活中能投入使用的太

※ 新型的太阳能自行车

阳能自行车，都应用"太阳能浮动充电原理"，就是用 NPS 硅太阳电池和 BEST 全密封维护蓄电池组合成太阳能电源。

◎中国首辆太阳能自行车宁德问世并开始批量生产

在 2009 年 1 月 10 日福建宁德举行的首届闽台（宁德）农副产品交易会暨年货展销会上，中国第一辆太阳能自行车将揭开神秘面纱。福建省恒久节能科技有限公司负责人 7 日记者透露，该公司生产的太阳能自行车，已在福建宁德问世，并开始批量生产。

据悉介绍，由于完全靠太阳能作为驱动力，太阳能自行车具有体积小、零污染、节能环保等多项优点，在平坦路面上时速可达 20 千米。该公司引进了"航空高科技"，让自行车有"轻盈"的身形；同时，将太阳能技术率先引入自行车领域。

据悉，这款重量只有 9 千克的太阳能自行车，其款式非常简单，外形就像普通的折叠自行车一样，车头上挂着一块蓝色太阳能板，看不到电瓶；钥匙是一片长 3 厘米、宽 1 厘米的塑胶片，把其按在车头的一个按钮上，通过感应，就能启动车子。

实验证明，太阳能自行车折叠携带方便，遇到雨天可以通过备用外接电源充电，或使用脚蹬；不管身置何处，不必担心回归受到影响，特别是在野外时，可以利用太阳能电池给电脑、手机和照明等使用。

※ 英国太阳能自行车

◎英国太阳能自行车

世界上的事情无奇不有。自行车上有一块小电池，在夜晚的时候也能持续使用数小时。为了节省能量，人们在从陡坡向下行驶过程中，可以关闭车上发动机。另外，为了方便骑车人驾驶这种自行车，并让骑车人感到舒适，米尔耶维克将把手设计在了座位两侧，而不是像普通自行车那样放置在前面。由于有天蓬，即便是在下雨天的时候，人们也可以悠然自得地在雨中骑车，而不必担心被淋湿。

英国发明了一种靠太阳光产生动力驱动的太阳能自行车，从外观上看起来，它和普通的自行车没有什么区别，不过它却载有一个可以接受太阳能天蓬装置。当使用者蹬自行车上的脚踏板后，天蓬将会把接受到的太阳光转化成能量储存在自行车电池中，该电池通过放电驱动自行车后轮处的电子发动机，使得自行车行进。

据了解，这种自行车的最高时速可达约为 24,140 米，另外这种太阳能自行车还可以减少骑车人骑自行车上山时所遇到的阻力。据发明该太阳能自行车的设计者米尔耶维克介绍："我设计的这款自行车纯环保且对生态环境不造成任何破坏。"米尔耶维克声称，这种自行车的发动机在晴朗的天气里在自行车不被驾驶的情况下可进行充电；如果天气不太好，驾驶者可以使用交流电为电池充电。这种自行车看起来就像普通的电动自行车一样。在自行车外部有一个天蓬以方便大面积地接受太阳光。如果白天不用自行车，可以将其放在太阳光下充电，以备电量充足时使用。

▶ 知识窗

关于南极的奇观有很多，极昼与极夜是其奇观之一。它使人们对这块神秘的土地更添加了一份遐想。

昼是白天，所谓极昼，就是太阳永不落，天空总是亮的，这种现象也叫白夜；所谓极夜，就是与极昼相反，太阳总不出来，天空总是黑的。在南极洲的高纬度地区，那里没有"日出而作，日落而息"的生活节奏，没有一天24小时的白天和黑夜之间的更替。昼夜交替出现的时间是随着纬度而发生改变的，纬度越高，极昼和极夜的时间就越长。在南纬90°也就是南极点上，极昼和极夜的时间各为半年，也就是说，那里白天黑夜交替的时间是一年，一年中有半年是连续白天，半年是连续黑夜，那里的一天相当于其他大陆的一年。

极昼与极夜的形成，是由于地球在沿椭圆形轨道绕太阳公转时，还绕着自身倾斜的轴旋转而造成的。原来，地球在自转时，地轴与其垂线形成一个倾斜角，因而地球在公转时便出现有6个月时间两极之中总有一极朝着太阳，全是白天，另一个极背向太阳，全是黑夜的现象。南、北极这种神奇的自然现象是其他大洲所没有的。

北极地区的生活环境是十分枯燥的，一年四季都是白雪皑皑的，没有明显的季节变化。那里的人们看不到植物发芽、生长、开花、结果的变化过程。一年之中半年极昼，半年极夜的现象扰乱了人们的生理时钟。极昼期间，人们在白天难以入睡，所以北极土著居民有睡眠少的特点；极夜期间，人们的活动以室内为主，经常关在屋里的人会患上"室内热征"。然而，现代文明可以为北极地区的居民提供了舒适温暖的生活——窗外零下30℃，人们可以在室内温水游泳池游泳，在体育馆打篮球、打排球，等等；卫星通信技术的发展，可以使北极地区的居民每天晚上收看自己喜爱的节目，飞机忙于运送各种物资，把你载到你想去的地方。正如中国人把北大荒变成了北大仓，人类目前正致力于把荒芜的北极变成能源基地。当然，现在北极地区的生活还是十分艰苦，在未来的岁月里人类还要努力解决这些问题。

拓展思考

1. 太阳能电池的原理是什么？
2. 中国太阳能自行车在哪个城市生产？

太阳能汽车

Tai Yang Neng Qi Che

太阳能汽车是一种靠太阳能来驱动的汽车，与传统热机驱动的汽车相比，太阳能汽车是真正的零排放，洁净环保。正因为其环保的特点，太阳能汽车被诸多国家所提倡，太阳能汽车产业的发展也日益蓬勃。

燃烧汽油的汽车是城市中一个重要的污染源头，汽车排放的废气包括二氧化硫和氮氧化物都会引致空气污染，影响我们的健康。现在各国的科学家正致力开发产生较少污染的电动汽车，希望可以取代燃烧汽油的汽车。随着全球经济和科学技术的快速发展，太阳能汽车作为一项重要的产业已经不是一个神话。由于现在各大城市的主要电力都是来自燃烧化石燃料，使用电动汽车会增加用电的需求，即间接增加发电厂释放的污染物。有鉴于此，一些环保人士就提倡发展太阳能汽车，太阳能汽车使用太阳能电池把光能转化成电能，电能会在储电池中存起起来，用来推动汽车的电动机。由于太阳能车不用燃烧化石燃料，所以不会放出

※ 太阳能汽车

有害物。根据相关统计，如果由太阳能汽车取代燃汽车辆，每辆汽车的二氧化碳排放量可减少 43％～54％。太阳能发电在汽车方面的应用，将能够有效减少全球环境污染，创造洁净的生活环境。

◎产生背景及意义

现在生活中的汽车所用的燃料都是汽油和柴油等，它们都是从石油中提炼出来的。然而，石油这种矿物燃料属于不可再生资源，用一点就少一点，总有一天是会用完的。据科学家们预计，目前世界上已探明的石油储量将于 2020 年左右被用完。因此，汽车将会出现挨受"饥饿"的危险，人类将面临着能源枯竭的挑战。

从另一方面来说，石油本身就是一种宝贵的化工原料，可以用来制造塑料、合成橡胶和合成纤维等。如果把石油作为燃料烧掉的话，不但十分可惜，而且还污染了人类赖以生存的环境。

需要解决这个难题的唯一可行办法，就是加紧开发新能源。而太阳能就是新开发能源中的佼佼者。

◎应用现状

截止到目前，太阳能在汽车上的应用技术主要有两个方面：一是作为驱动力；二是用作汽车辅助设备的能源。

◎作为驱动力

太阳能汽车的这一应用方式，一般采用的是特殊装置吸收太阳能，再转化为电能驱动汽车运行。按照应用太阳能的程度可分为如下两种形式：

1. 太阳能作为第一驱动力驱动汽车

1982 年澳大利亚人汉斯和帕金用玻璃纤维和铝制成了一部"静静的完成者"太阳能汽车。车顶部装有能吸收太阳能的装置，给两个电池充电，电池再给发动机提供电力。12 月 19 日，两人驾驶着这辆车，从澳大利亚西海岸的珀思出发，横穿澳大利亚大陆，于 1983 年 1 月 7 日到达东海岸的悉尼，这是一次伟大的创举。这一驱动车完全用太阳能为驱动力代替传统燃油，实现几代汽车工作者的梦想。这种太阳能汽车与传统的汽车不论在外观上还是运行原理上都有很大的不同，太阳能汽车

认识我们身边的太阳能

已经没有发动机、底盘、驱动、变速箱等构件，而是由电池板、储电器和电机组成。目前此类太阳车的车速最高能达到 100 千米/小时以上，而无太阳光最大续行距离也在 100 千米左右。利用贴在车体外表的太阳电池板，将太阳能直接转换成电能，再通过电能的消耗，驱动车辆行驶，车的行驶快慢主要由输入电机的电流控制。

还有一种概念上的太阳能汽车，这种汽车在车体上没有安装光伏电池板，而只是配置着蓄电池，而电能全部来自专门的太阳能发电装置。优点是其外观与现有车辆类似，没有"另类"的感觉，缺点是要经常到太阳能电站充电，当然续行能力也受到一定的限制。

2. 太阳能和其他能量混合驱动汽车

太阳能辐射强度较弱，光伏电池板造价昂贵，再加上蓄电池容量和天气的限制，使得完全靠太阳能驱动汽车的实用性受到极大的限制，不利于推广。因此就出现了一种采用太阳能和其他能量混合驱动的汽车。

这种混合驱动形式，带来了诸多好处。首先，因为有汽油发动机驱动，所以蓄电池不会自身放电，蓄电池的容量只要满足一天使用即可，与全用蓄电池的车相比，其容量可减少一半，也减轻了车重；其次，城市中大多数车辆都处在低速行驶状态下，采用电机驱动可最大可能地降低城市污染。

复合能源汽车外观与传统汽车极其相似，只是在车表面又加装了部分太阳能吸收装置，例如车顶电池板，这个电池板主要用于给蓄电池充电或直接作为动力源。这种汽车既有汽油发动机，又有电动机、汽油发动机驱动前轮，蓄电池给电动机供电驱动后轮。电动机低速行驶，当车速达到某一定值以后，汽油发动机启动，电动机脱离驱动轴，汽车便像普通汽车一样快速行驶。

◎作为汽车辅助能源

传统的小轿车，功率一般都在几十千瓦左右，而太阳辐射功率至多 1 千瓦/平方米，目前的光电转换效率小于 30%，因此全部用太阳能驱动传统的轿车，需要几十平方米的接收面积，显然难以达到。但在传统汽车上可以用太阳能作为辅助动力，以减少常规燃料的消耗，而且现代汽车的电器化程度日益提高，各辅助设备的耗电量也因此而急剧增加，这样非常有利于环境保护。太阳能汽车的应用主要有以下几种形式：

认识我们身边的太阳能

1. 用于驱动风扇和汽车空调等系统

汽车在阳光下停车的时候，由于车内空气不流通，使得车体成了收集太阳能的温室，造成车内温度迅速升高，使车内释放出大量的有害物质，从而使车内空气质量变糟。若加装太阳能装置，例如加装太阳能风扇等，则可以为车辆在停车期间无能耗提供新风并降温，保证车辆再次上路时有良好空气质量保障。

※ 太阳能小轿车

2. 太阳能用作汽车蓄电池的辅助充电能源

在轿车上加装太阳电池后，可在车辆停止使用时，继续为电池充电，从而避免电池过度放电，节约能源。

日本应庆大学设计了一款新型的概念车，它的颜色像萤火虫。这款车曾在北京展览过，车顶上贴有近一平方米的转换效率较高的光伏板，作用是辅助给 12 伏的电池充电，当 12 伏电池充满后，12 伏电池又会给主电池充电。电池充满电时，这辆概念车能行驶 800 千米。

太阳能汽车天窗的玻璃下方设置有太阳能电池，太阳能电池与设置的控制单元输入端相连接，输入端连接车辆空调系统的温度传感器，同时输入端还与蓄电池和点火器相连接。玻璃下方的太阳能电池吸收太阳能，经过汽车天窗控制单元可对蓄电池进行充电，保证蓄电池的电能充足，同时延长蓄电池的使用寿命。而太阳能天窗带给消费者的好处是：在夏天高温天气里，当汽车在烈日下停车熄火，完全没有能源供给时，能够自动调节车内的温度，有效防止气温升高。利用内置在天窗内部的太阳能集电板依靠阳光所产生的电力，经过控制系统来驱动鼓风机，将车厢外的冷空气导入车内，驱除车内热气，从而达到降温的目的。当驾驶者及乘员再打开车门及坐在座位上，不会感觉到热浪袭人、闷热难耐，汽车的空调系统可以在最短时间内将车内温度降至舒适的程度。同时可以改善车内的空气状况，冬天也可以减少车内前挡风玻璃的结霜。利用太阳能供电，节能降温，有效地减少了汽车内由热所产生的"孤岛"效应。根据资料显示，与没有通风降温的车型相比，安装了太阳能天窗的汽车驾驶室内的温度最高降低到 20℃。

目前在国内销售的车型当中，奔驰 E 级，奥迪 A8、A6L、A4、途锐等部分车型都已配备了太阳能天窗。

◎太阳能汽车的优势

太阳能电动车以光电代替石油，这样可以有限地节约石油资源。白天，太阳电池把光能转换为电能自动存储在动力电池中，在晚间还可以利用低谷电（220 伏）充电。

※ 美丽的太阳能汽车

太阳能汽车无污染、无噪音，因为不用燃油，太阳能电动车不会排放污染大气的有害气体。因为没有内燃机，所以太阳能电动车在行驶时听不到燃油汽车内燃机的轰鸣声。

实用型太阳能动力车除行驶速度远低于燃油汽车外，与燃油汽车相比，还是有诸多优势的。

首先，太阳能电动车耗能少，只需采用 3～4 平方米的太阳电池组件便可使太阳能电动车行驶起来。燃油汽车在能量转换过程中要遵守卡诺循环的规律来作功，产生的热效率比较低，只有 1/3 左右的能量消耗在推动车辆前进上，其余 2/3 左右的能量损失在发动机和驱动链上；而太阳能电动车的热量转换不受卡诺循环规律的限制，90％的能量用于推动车辆前进。其次，太阳能电动车方便驾驶。不需要电子点火，只需踩踏加速踏板便可启动，利用控制器使车速发生变化，不需换挡、踩离合器，简化了驾驶的复杂性，避免了因操作失误而造成的事故隐患，特别适合妇女和老年人驾驶。另外，太阳能动力车采用创新前桥和转向系统，前后独立地悬挂着，四轮鼓式制动从时速 30 千米到突然刹车，刹车线不超过 7.3 米。

由于太阳能电动车结构简单，除了定期更换蓄电池之外，基本上不需要日常保养，这样就省去了传统汽车必须经常更换机油，添加冷却水等定期保养的烦恼。小巧的车身，灵便转向，可以轻而易举地将车泊入拥挤不堪的都市停车场。

太阳能电动车没有内燃机、离合器、变速箱、传动轴、散热器、排气管等零部件，结构简单，制造难度低。

在都市行车，为了等候交通信号灯，必须不断地停车和启动，这样既造成了大量的能源浪费，又加重了空气的污染度，使用太阳能电动车，减速停车时，可以不让电动机空转，大大提高了能源使用效率和减少了空气污染。

◎工作原理

※ 行进中的太阳能汽车

光芒四射的太阳，其表面是一片烈焰翻腾的火海，温度可达到 6000 开。在太阳内部，温度高达 2 千万度以上。所以，太阳能一刻不停地发出大量的光和热，为人类送来光明和温暖，它也成了取之不尽、用之不竭的能源聚宝盆。

利用太阳能的一条重要途径就是将太阳光变成电能，人们早在 20 世纪 50 年代就制成了第一个光电池。将光电池装在汽车上，用它将太阳光不断地变成电能，使汽车开动起来，这种汽车就是新兴起的太阳能汽车。

在太阳能汽车上装有密密麻麻像蜂窝一样的装置，这些复杂的装置就是太阳能电池板。平常我们看到的人造卫星上的铁翅膀，也是一种供卫星用电的太阳能电池板。

在利比特布利克二号太阳能汽车顶上，有一个圆弧形的太阳能电池板，板上整齐地排列着许多太阳能电池。这些太阳能电池在阳光的照射下，电极之间产生电动势，然后通过连接两个电极的导线，输出电流。

太阳能电池依据所用半导体材料的不同，通常分为硅电池、硫化镉电池、砷化镓电池等，其中最常用的是硅太阳能电池。

硅太阳能电池的形状是多样的，常见的有圆形、半圆形和长方形等。在电池上犹如纸一样薄的小硅片，在硅片的一面均匀地掺进一些硼，另一面掺入一些磷，并在硅片的两面装上电极，它就能将光能变成电能。

　　通常情况下，硅太阳能电池能把 10％～15％ 的太阳能转变成电能。这种电池使用起来非常方便，经久耐用，又很干净，不污染环境，是一种比较理想的电源，只是光电转换的比率小了一些。近些年来，美国已研制成光电转换率达 35％ 的高性能太阳能电池。澳大利亚用激光技术制成的太阳能电池，其光电转换率达 24.2％，而且成本与柴油发电相当。这些都为光电池在汽车上的应用开辟了广阔的前景。

　　将光电池装在汽车上，用它将太阳光不断地转变成电能作为驱动汽车运动的动力，这种汽车就是兴起的太阳能汽车。太阳能汽车利用太阳能的一般方法，在太阳光的照耀下，太阳能光伏电池板不断地采集阳光，并产生人们通用的电流。这种能量被蓄电池储存起来并为以后的旅行提供动力，或者直接提供给发动机也可以边开边蓄电。能量通过发动机控制器带动车轮运动，推动太阳能汽车前进。

◎太阳能汽车的构造

　　太阳能汽车的能源是太阳电池方阵，太阳电池方阵是由许多 PV 光电池板组成，方阵类型受到太阳能汽车尺寸和部件费用等的制约。目前，常见的光电池板主要有两种类型：硅电池和砷化合物电池。一般等级的太阳能汽车通常使用硅电池板。这些方阵的通常工作电压在 50～200 伏之间，并能提供 1,000 瓦的电力。方阵输

※ 绿色的太阳能汽车

出功率的大小受到太阳、云层的覆盖度和温度的影响。超级太阳能汽车也能使用通常类型的太阳能光电板。但更多的是使用太空级光电板。这种板很小，但是比普通的硅片电池板要昂贵得多，然而它们的使用效率非常高。环绕地球卫星使用的太阳电池使用的是典型的砷化合物电池，

而硅电池则更为普遍地为地面基础设备所使用。

一般情况下，车子在运动时，被转换的太阳能光被直接送到发动机控制系统。但有时提供的能量要大于发动机需求的电力，那么多余的能量就会被蓄电池储存以备后用。当太阳能汽车开始减速时，换用机械制动，这时发动机将变成了一个发电机，能量通过发动机控制器反向进入蓄电池内进行储存。回充到蓄电池中的能量是非常少的，但是却非常实用。当太阳电池方阵不能提供足够的能量来驱动发动机时，蓄电池内的被储存的备用能量将会自动补充。当然，当太阳能汽车不运动时，所有能量都将通过太阳能光伏阵列储存在蓄电池内，也可以利用一些回流的能量来推动汽车。

◎电力系统

电力系统是太阳能汽车的心脏部位，电力系统主要由蓄电池和电能组成，电力系统控制器管理全部电力的供应和收集工作。蓄电池组就相当于普通汽车的油箱。一个太阳能汽车使用蓄电池组来储存电能以便在必要时使用，太阳能汽车启动装置控制着蓄电池组，但是当太阳能汽车开动后，是通过太阳能阵列提供能量，从而再充到蓄电池组内。由于重要的原因，大量的蓄电池作为能量被使用是有限的。

镍镉、镍氢和锂电池比普通的铅酸蓄电池远远提高了蓄电能力，重量比普通电池要轻得多。但是它们很少在太阳能汽车中被广泛使用，主要是维护起来很小心，并且价钱昂贵。另外一种蓄电池能够提供强劲能量的就是锂电池，今后蓄电池的储存能力将会更高。

目前在太阳能汽车上所用的蓄电池常见的有：1. 铅酸蓄电池；2. 镍镉蓄电池；3. 锂电池；4. 锂聚合物电池。

电池组是由几个独立的模块串联起来，并形成系统所需的电压。比较有代表性的系统电压一般是在 84～108V。蓄电池组由几个独立的模块连接起来，并形成系统所需的电压。我们可以使用的系统电压在84～108V。

◎电力控制系统

在太阳能汽车里最高级的组件部分就是电力系统。它们包括峰值电力监控仪、发动机控制器和数据采集系统。电力系统最基本的功能就是控制和管理整个系统中的电力。峰值电力监控仪条件电力来源于太阳能光伏阵列，光伏阵列把能量传递给另外的蓄电池用于储存或直接传递给发动机控制器用于推动发动机。发动机控制器控制发动机的启动，而发动机启动信号是来自驾驶员的加速装置。对发动机控制器电力管理是通过程序来完成的。发动机的启动需要配备不同型号的发动机控制器，使用的工作效率一般超过 90％。当太阳能光伏阵列正在给蓄电池充电的时候，电池组电力监控仪会保护蓄电池组因过充而被损坏。电池组电力监控仪的号码数值随我们的设计而被使用在太阳能汽车里。峰值电力监控仪是由轻质材料构成，并且一般效率能达到 95％以上。在有些时候，我们需要掌控电池的电压和电流。很多太阳能汽车使用精确数据检测系统来管理整个太阳能汽车的电力系统，其中主要包括太阳能光伏阵列、蓄电池组、发动机控制器和发动机。从监控系统获得的数据常常用来判断太阳能汽车的状况，并用来解决太阳能汽车出现的问题。

◎电动机

在太阳能汽车里使用什么类型的发动机是没有限制的。大多数太阳能汽车使用的发动机是双线圈直流无刷电机，这种直流无刷电机是相当轻质的材料机器，在额定的 RPM 达到 98％的使用效率。但是它们的价格比普通有刷型交流发动机要贵一些。

◎太阳能汽车的历史

早期的太阳能汽车是在墨西哥制成的。太阳能汽车的外形像一辆三轮摩托车，在车顶上架有一个装太阳能电池的大棚。在太阳光的照射下，太阳能电池供给汽车足够的能量，使汽车的速度达到每小时 40 千米，由于这辆

※ 太阳能电动机

汽车每天所获得的电能只能行 40 分钟，所以它还不能跑远路。

1982 年，丹麦著名的冒险家、环保倡导者汉斯斯·索斯特洛普设

计并建造了世界上第一台太阳能汽车，并命名为"安静的到达者"号。

1984 年 9 月，我国首次研制的"太阳号"太阳能汽车试验成功，并开进了北京中南海的勤政殿，向中央领导报喜。这一成果更加表明了我国在研制新型汽车方面已达到世界先进水平。

现在世界上有很多国家都在研制太阳能汽车，并进行交流和比赛。1987 年 11 月，在澳大利亚举行了一次世界太阳能汽车拉力比赛，共有 7 个国家的 25 辆太阳能汽车参加了比赛。赛程全长 3 200 千米，几乎纵贯整个澳大利亚国土。

在这次大赛中，美国"圣雷易莎"号太阳能赛车以 44 小时 54 分的成绩跑完全程，夺得了冠军。

"圣雷易莎"号太阳能赛车，虽然使用的是普通的硅太阳能电池，但它的设计独特新颖，采用了像飞机一样的外形，可以利用行驶时机翼产生的升力来抵消车身的重量，而且安装了最新研制成功的超导磁性材料制成的电机，因此使这辆赛车在大赛中创造了时速 100 千米的新纪录。

太阳能汽车不仅节省能源，消除了燃料废气的污染，而且即使在高速行驶时噪音也很小。因此，太阳能汽车已引起人们的极大兴趣，并将在今后得到迅速发展。

◎太阳能阵列

太阳能阵列是太阳能汽车的一种资源。阵列是由许多 PV 光电池板组成。这些光电池板是将太阳能能量转变成电能。每一组使用太阳能光电板技术的一种来制造阵列。这些阵列类型需要符合既定规则，受到太阳能汽车尺寸和部件费用等因素的制约。

太阳能光电池板是通过电线连接，若干个电线串并联在一起，连接光电池片从而达到蓄电池规定的电压。这里有几种方法使得太阳能光电池组合在一起。但是最基本的目标就是在有限的空间内能够尽可能的装上更多的太阳能光电池板。太阳能光电板很脆弱并且很容易被损坏。这些光电池板保护主要来自于天气和空气压缩而出现裂口。有几种方法可以压缩光电池板，目标是增加最小的重量来保护太阳能光电池板。

在白天里，电力是通过太阳能光电池阵列依靠天气和太阳的位置而得到能量，通过太阳能阵列自己的转换变成动力。在晴朗阳光普照的正

认识我们身边的太阳能

午，一个好的太阳能汽车太阳能阵列能产生超过 1,000 瓦的能量。这些能量经过太阳能阵列通过发电机被使用或者被蓄电池储存以备后用。

◎太阳能汽车的设计制造

太阳能发电在汽车上的应用，将能够有效降低全球环境污染，创造洁净的生活环境。随着全球经济和科学技术的飞速发展，太阳能汽车作为一个产业已经不是一个神话。

最初的挑战就是如何制造出一个高效的太阳能汽车底盘，从而使其强度和安全度达到最佳，并且重量最小。每一千克的重量都需要足够大的能量使其在路面上移动。这就意味着工作组力求使车子的重量减到最小。而这个关键的部位就是汽车的底盘。然而，安全是一个基本的要求，底盘必须具有严格的强度和安全系数要求。

太阳能汽车最具魅力的部分就是车身。光滑而又具有异域风情的外观是吸引眼球的部分，太阳能汽车是由若干主体部件组成的。由于没有统一的标准而使得每一辆太阳能汽车各具特色，除了车子长度是需要限制的。制造一个好的太阳能汽车，其外形节省几百瓦的能量是必需的。当我们设计太阳能汽车的主体时要让阻力达到最小值，而使太阳能与阳光的接触比达到最大值，重量要尽量小而安全系数尽量达到最高。在这些方面我们得以很多理论作为支撑，如在车子的形状和尺寸上，我们花费大量的时间进行试跑测试，进而测出并试图得到最佳的外形效果。

由于太阳能汽车中的复合材料得到了广泛的应用，在这里我们需要对合成材料进行定义。这种合成材料是由像三明治夹层一样结构的材料构成。碳纤维、KEVLAR 和玻璃纤维，是一种普通的合成建筑材料。蜂窝状和泡沫塑料是常用的合成填充材料。这些材料用环氧基树脂保护起来，组合在具有 KEVLAR 和碳纤维的材料里。能够获得人需要的强度材料，是非常轻质的材料。

一个空间框架使用一个焊接或保护管结构用于支撑装载或车体，这种车体重量轻，但不能装载。在太阳能汽车的顶部每段是经常分割成片状，从而能够附加到腹部盘的上面。一个单体横造的太阳能汽车的底盘使用躯体结构并用来支撑装载。合成的外壳是可以将分离的底盘组装起来。半单体横造或碳横梁使用合成横梁和空间隔开达到支撑装载的能力，而整合就不能支撑装载并承受一个整体的腹部底盘。这三种类型的太阳能汽车底盘都能制造出强劲而又轻量型的太阳能汽车。许多太阳能汽车使用我们以上提到的三种底盘结构的组合方法。在上面结构中有一个例子就是带有组合空间框架的半单体横造，可以很好地保护驾驶员。

◎太阳能光电板

太阳能光电板能将太阳能转变为电能。光子在太阳光的照耀下产生能量带动电子从一个半运动的金属粒子的一层转移到另一层，电子的运动产生了通用的电力。

目前，世界上主要有两种类型的光电板：硅和砷化物。这两种类型的光电板有几个不同的等级并且其效能

※ 太阳能光电板

也是不相同的。环绕地球卫星是典型的使用砷化合物，而硅则是更普遍地为地球基础设备使用。

一般等级的太阳能汽车通常使用陆地级硅电池板。许多独立的硅片被组合在一起，形成一个太阳能阵列，依靠电动发动机驱动太阳能汽车的运转。这些阵列的通常工作电压在 50～200 伏，并且能够提供 1,000 瓦的电力。能量的大小和太阳、云层的覆盖度和温度的影响阵列输出有直接的关系。

对于超级太阳能汽车，普通类型的太阳能光电板也能使用，但更多的是使用太空级光电板。这种板非常小，但是比普通的硅片电池板价钱要贵得多，然而它们的使用效率非常高。光电池板具有极强的技术性。电路板的发展和使用是随着技术的发展而发展，并且其中有部分是用于太空旅行和卫星输送系统中。

◎太阳能汽车之旅

在单一用途的太阳能汽车设计和制造重量轻而能耗低的太阳能机动车竞赛相似于方程式赛车的一种。太阳能汽车没有作为交通运输工具的

要求设计，它们的座位非常的有限，而且有很少的货舱，仅仅能在白天行驶。科学家这样做却能为人类的未来技术的发展提供一个很好的机会，为今后的民用化推广奠定了基础。在美国，作为旅行工具的太阳能汽车已经挑战了常规，另外太阳能汽车还有许多其他的特性。

用工作、时间和金钱去开发一个高性能的太阳能汽车是一个伟大的创造，在这种强大的构想后面是一个巨大无比的商机。一辆太阳能汽车的原理结构是相当简单的。为了使太阳光提供的能量得到最大的吸收利用，工作组就使用一个设计工序来开发一项安全、可靠而性能高的太阳能机动车。

用一个由计算机设计出的模型制造一辆太阳能汽车，这一过程是极其艰难的。我们可以开发出一个新的工具，这一工具能帮助我们学习更多关于太阳能汽车是如何工作，一个太阳能汽车由哪些部件构成，并且它们最终是如何被组合在一起，结果我们发现这些工作是个非常简单的系统。据分析，组件部分由六个基本系统构成：1. 驾驶控制系统；2. 电气系统；3. 驱动器系统；4. 机械系统；5. 太阳能阵列系统；6. 汽车躯体和底盘。

太阳的能量每天都照向地球。然而，能量数的变化受到时间、天气条件和地理位置的影响。这些可利用的太阳能数值被我们所知，被暴晒的太阳能的计算方法是以每秒多少瓦来计算的或瓦/平方米，在南美洲，在一个晴朗的天气里，下午太阳能暴晒地球大约是 1 000 瓦/平方米。但是在早上、晚上或者多云的天气，太阳的位置变化都会影响太阳的数值。

◎发动机控制器

大多数的太阳能汽车都是单座而且对驾驶员来说也很少有乐趣。然而，少数太阳能汽车也能搭乘一个乘客。驾驶员和乘客能看到前方但铁架子位置和较高的温度使他们感觉不是很舒适。然而，他们却得到未来太阳能汽车驾驶的荣誉。

太阳能汽车在普通汽车里也有一些标准在未来成立，如转向信号、刹车灯、加速装置、后视镜、空调装置和通用的导航系统……然而，大多数太阳能汽车都没有一个茶杯架为我们驾驶员或乘客装水，仅有的收音机使驾驶员可以通过一两个公共频道与相关工作人员取得直接联系的工具。当然，我们现在利用先进的技术可以让汽车上先进的东西都安装到太阳能汽车上。

在太阳能汽车运行的同时，必须保证驾驶员和乘客的安全，需要注意的是：护腕安全、头盔，另外，在驾驶汽车的时候，驾驶员更为重要的职责是注意汽车的系统安全和观察仪表是否出现异常。在极少数太阳能汽车里，乘客会帮助

※ 紫色的太阳能发电机

处理太阳能汽车系统的问题，太阳能汽车跟普通的汽车具有相似的测量方法。而这些信息主要来源于太阳能汽车自身的系统。

驾驶员和乘客是一个小组全体成员的希望，对一个竞赛来说，小组中的所有成员都把目光集中在这辆太阳能汽车上，支持小组为保证太阳能汽车安全正常行驶制订战略和提供路况信息给驾驶员。

◎电力系统

电力系统是太阳能汽车的心脏部位，电力系统主要由蓄电池和电能组成，电力系统控制器管理全部电力的供应和收集工作。蓄电池组就相当于普通汽车的油箱。太阳能汽车一般使用蓄电池组来储存电能以便在必要的时候使用，太阳能汽车的启动装置控制着蓄电池组，但是当太阳能汽车开动之后，是通过太阳能阵列提供能量的，从而再把能量传输到蓄电池组内。由于重要的原因，大量的蓄电池作为能量被使用是有限的，而且设备也还要分不同类型的蓄电池。美国太阳能挑战队蓄电池主要有以下几种：1. 铅酸蓄电池；2. 镍镉蓄电池；3. 锂电池；4. 锂聚合物电池。

镍镉、镍氢和锂电池比普通的铅酸蓄电池在很大程度上提高了蓄电能力，它的重量比普通电池要轻得多。但是它们很少在太阳能汽车中被广泛使用，主要是因为维护起来非常小心，并且价格昂贵。

电池组是由几个独立的模块连接起来的，并形成系统所需的电压。

认识我们身边的太阳能

我们可以使用的系统电压在84~108伏，依靠它的电力系统，有时我们在太阳能汽车运动时降低系统自身的电压。

电力系统是在太阳能汽车里最高级的组件部分，电力系统主要包括峰值电力监控仪、发动机控制器和数据采集系统。电力系统最基本的功能就是控制和管理整个系统中的电力。绝大情况下，我们在安装电力组件时去除辅架，虽然我们在安装时也有传统性的组件或者是适用我们太阳能汽车的一般性的组件。

峰值电力监控仪条件电力主要来源于太阳能光伏阵列，光伏阵列把能量传递给另外的蓄电池用于储存或直接传递给发动机控制器用于推动发动机。电池组电力监控仪的号码数值随我们的设计而被使用在太阳能汽车里。峰值电力监控仪是非常的轻质材料构成，并且一般效率能达到95％以上。发动机控制器控制发动机的启动，而发动机启动信号是来自驾驶员的加速装置。当太阳能光伏阵列正在给蓄电池充电的时候，电池组电力监控仪会保护蓄电池组不因过充而被损坏。很多太阳能汽车通过使用精确数据检测系统来管理整个太阳能汽车的电力系统，其中包括太阳能光伏阵列、蓄电池组、发动机控制器和发动机。在有些时候，我们需要掌控电池的电压和电流。对发动机控制器的电力管理是通过程序来完成的。而这些都在我们讨论的范围。由于发动机的启动需要配备不同型号的发动机控制器。当然我们也能够根据发动机工作原理设计图纸来买一台控制器，我们都使用多种型号的发动机控制器，并且使用的工作效率超过90％。从监控系统获得的数据常常用来指定相关的应对策略，来解决制造太阳能汽车时出现的问题。这些有驾驶员收集到的数据在实际太阳能汽车中被运用。

◎驱动轮

由于在太阳能汽车里多齿轮传送装置使用很少，双线圈性发动机是常用的传送动力装置。在双线圈之间转换改变了发动机的速度频率。在太阳能汽车里使用什么类型的发动机没有限制，一般额定的是2~5HP，大多数太阳能汽车使用的发动机是双线圈交流无刷机，这种交流无刷机是相当轻质的材料机器，在额定的RPM达到98％的使用效率。但是它们的价格比普通有刷型交流发动机要贵的多。低速线圈为太阳能车子的启动和减速提供高的"转力矩"，而高速线圈则为太阳能汽车运行提供高效率和最佳的运行效果。类似于人们所说的电力系统，大多数人不愿意购买现有的发动机，但是有些是由于客户或自己按太阳能车子的要求制造。

在太阳能汽车里有三个基本类型的传动力方式的变化，分别是：1. 单减引导式驱动；2. 变频履带式驱动；3. 轴式驱动。

自 1995 年以来，当有些人使用轴式驱动设计太阳能汽车时，高速度、舒适的驾驶受到人们的欢迎。一个轴式发动机去除了许多外加的传送设备。这大大提高了驾驶车辆的效率，缩减了用于驱动车轮而需要的能量。轴式驱动使用低转速原因是齿轮传动装置的减少，这样会轻微的降低它的效率。但是它们仍能够达到 95％的高效率运行。

前一段时间里，一般人大多数使用直接引导式驱动传送动力。发动机是通过一个链条或一个履带同一个单一的齿轮传送装置并与车轮连接。如果组件定位准并小心安装的话，维护传送装置是很可靠而且容易。当整个设计全部完成，使用效率应超过 75％。有很少人使用变频履带式驱动传送动力给车轮。齿轮比的改变引起发动机速度的增加。在低速度下引起发动机启动速率的增大，但仍能保持太阳能汽车以一个高速度高效率的行驶效果。变频履带式发动机需要精确的安装和有效精细的配置。

◎机械系统

太阳能汽车中机械系统在概念上是很简单的，但是我们在设计时，应尽量减少摩擦力和重量，根据不同的路况来设计需要的强度。轻质金属如铝合金和合成金属是常用的，使重量和强度达到一定的程度。针对重量和强度的比例从而制造高效率的组件。机械系统包括刹车制动、方向盘和轮胎等。美国太阳能挑战赛规则设定最低标准。机械组件必须是可见的，但是也有些太阳能汽车在设计中没有任何的标准。

典型的太阳能汽车一般有三个车轮或四个车轮，一般三个车轮的配置是两个前轮和一个后轮。四个轮子的太阳能汽车跟普通的机动车一般是一样。另外四轮太阳能汽车的两个后轮并排靠近中央位置。

太阳能汽车中安装有多挡位的制动。太阳能车子之间由于在实际中车身与底盘的不同而各异。在太阳能汽车里大部分使用前制动挡位闸的比较普遍。在汽车的内部有两个 A 手挂挡设置，这与普通的机动车非常相似。具有代表性的是，后退制动挡在摩托车的前面使用而此时用在后面。科学设计的这些挂挡足见是有利于太阳能汽车自由移动和滑行，从而达到最佳的效果。当然，这样设计需要进行适当的调整，从而便于太阳能汽车的组合与维护。

※ 太阳能机械系统

　　在整个行驶的过程中，太阳能汽车的安全是重中之重，太阳能汽车必须有高效的刹车性能并符合标准，这是每一辆太阳能汽车所必须具备的，每一辆车一般有两个独立的刹车系统。在太阳能汽车中普遍采用的一种是圆盘刹车。因为它们非常的适合，并有很好的制动力，有些爱好者使用机械型刹车，利用的就是水力学的原理。机械刹车比水力性刹车安全性好，非常小而且轻，但是不需提供诸如此多的刹车阻力而是需要相互协调。为了达到最佳效果，刹车被设计成通过刹车操作杆自由移动，从而使刹车垫摩擦刹车表面进行刹车。

　　纵观太阳能汽车的驾驶系统，像驾驶员制动系统变化是很大的。科技人员必须制造一个弧形的半径来实现其操作，按要求用特殊方式使用，但是设计必须是很自由活泼的。专业设计的理念应是保证驾驶的可靠性和安全高效。驾驶系统必须经过精确的驾驶测试才能设计。因为任何一个细微的失误都有可能导致无法估量的后果。在过去的比赛中，由于自行车车轮和车胎重量轻而且有很小的摩擦力，经常被有效利用到太阳能汽车上。当支撑起整个太阳能汽车时这些车轮和车胎就会出现超重的情况，从而影响了整个太阳能汽车的驾驶和安全性能。ASC 规则中明确规定：不准出现太阳能汽车车轮和车胎超载的现象。幸运的是，现在流行的太阳能汽车竞赛敦促一些轮胎生产厂家制造符合太阳能汽车的轮胎。现在生活中使用先进的轮胎，重量轻和摩擦力强，从而提高了太阳能汽车的安全和使用效能。

第三章　趣味多多的太阳能
QUWEIDUODUODETAIYANGNENG

◎航行——拉力的概念

航行工程师对物体周围的空气流进行深入的研究，发现了一种新的方法。从一个航行的物体的研究得出：在设计车身的外形时一定要尽量地使外界的空气阻力达到最小。空气释放出的阻力从而阻止物体移动通过。空气阻力影响了整个物体的外形。

外界的空气阻力对整个机型产生了一个航行的拉力，如果一个物体本身是流线的，空气在它的周围平滑的流动并且产生的拉力会很少，因此这样需要很小的能量就能移动物体。科学家这样设计就是考虑到"航流"的存在。当一个物体产生很小的空气流时，需要更多的能量来推动它不断的向前移动。

科学的目标就是设计出太阳能汽车运动时所具有最小的航行拉力，但依然保持太阳能陈列有一个平滑的表面，这一平滑的表面为驾驶员和组件提供了足够舒适的空间，在一到两天的时间测试运动形状的工作就能顺利完成。在这一过程中，首先是建造一个平滑的模型用来测试，在风道里检测太阳能汽车通过空气流的过程；第二就是使用一个强大的计

※ 拉力

算程序对空气流的模拟试验用计算机来控制模型汽车。

如果是深紫色区域则标明动力空气但是它是向下流动的，红色区域高的动力空气向上流动。大家对分离流都很清楚，太阳能汽车后车轮有一点动力流的出现。

◎蓄电池的历史

人类生活在一个电池能量的世界，从高尔夫两轮运货车到现代电视设备。人类生活中对电力的需求是有限的但它却是人类生活的必需品。太阳能汽车通过太阳能光伏组件完成蓄电池的充电。高效的电力经过太阳能汽车阵列通过蓄电池储存帮助人类获得最大的能量。常州作为生产制造基地，蓄电池的制造已经具有相当的规模，而且随着常州电动车市场的逐渐扩大，带动蓄电池厂家研发力度。为后来的太阳能汽车的蓄电池提供了有力的保证。

蓄电池是一种简洁轻便的电力资源。蓄电池主要由一个及多个太阳能光伏电板串联起来，使它转变成化学能储存电力。按照同样的方式将所有光伏电板连接起来，在两个光伏电池板之间产生的流动的电流叫电极，电极通常是由不同的材料构成，电极被分为含有电磁的材料，这种物质引导离子的运动，当两个电极通过一个长的导线连接起来时，一个

※ 蓄电池的发展

环行的电路就形成了。电池都由正极和负极组成。

化学物质主要是将化学能量转变为电能。化学物质通过反应转化成电能，这种反应就是通过原子的移动走向另一端引起电子的运动，在这时化学反应就自己产生。电极的两端就形成了电压，电压端是通过化学反应产生的。在电解溶液内，反应产生了电流从阳极流出通过电线从阳极穿过。这样的流动通过电线形成电压，也就是充电。当所有的化学能量都被使用之后，电压就降至到零。在有电压的情况下，如果化学反应在反向运行，那就开始充电了。

组合起来的电池组形成一个"电池包"，通过额外的能量使其达到最高峰值。太阳能汽车的电池组电压必须达到电动发动机的电压。当太阳被云层遮盖的时候，这就为太阳能车子提供了足够的电力。电池组通过光伏阵列补充能量。最初的蓄电池使用完后就随便给丢掉了，它们被用在手电筒、照相机、手提收音机和玩具等上面。另一种蓄电池就是可以连续充电的蓄电池，这就是人们经常说的"可充蓄电池"。在机动车上使用最多的电池是铅酸蓄电池，这种电池是非常便宜的，使用起来相对安全而且可以重复利用。但是镍镉蓄电池现在或不久的时间也将被大量地应用。在相同重量的情况下，镍镉蓄电池是铅酸蓄电池的两倍效率，另外一种更高能够提供强劲能量的蓄电池就是锂电池，在今后，蓄电池的储存能力将会更高。

◎新型太阳能汽车新型的亮相

最近，加拿大男子马塞洛开着他研制的新型太阳能汽车从加拿大来到了美国洛杉矶，向人们展示他的杰作。

汽车表面安装的这些小型太阳能电池板可以为这辆车提供所需的能量。在阳光充足的条件下，这辆车每天可以不间断的跑成百上千千米。而且它只要 6 秒钟就可以将时速从零提高到 50 千米，而最高车速可以达到每小时 112 千米。

马塞洛说，他用 10 年时间，花了 50 万美元才完成了这款太阳能汽车。

▶知识窗

　　说到企鹅就会想起它可爱的身体。企鹅是地球上数一数二可爱的动物。企鹅是南极大陆最具有代表性的动物，被视为南极的象征。世界上总共有 17 种企鹅，它们全都分布在南半球。南极与亚南极地区约有 8 种，其中在南极大陆海岸繁殖的有 2 种，其他则在南极大陆海岸与亚南极之间的岛屿。企鹅常以族群形式出现，占有南极地区 85% 的海鸟数量。

　　企鹅是唯一不能飞的潜水性海鸟。企鹅羽毛密度比同一体型的鸟类大 3～4 倍，它自身羽毛的作用是调节体温。虽然企鹅双脚与其他飞行鸟类差不多，但它们的骨骼相当的坚硬，并比较短及平。这种特征配合有如只桨的短翼，使企鹅可以在水底飞行。双眼上的盐腺可以排泄多余的盐分，企鹅的双眼由于有平坦的眼角膜，所以可在水底及水面很清楚地看东西。它们的双眼可以把影像传至脑部作望远集成使之产生望远作用。

　　企鹅的性情憨厚、大方，十分逗人。尽管企鹅的外表显得有点高傲，甚至盛气凌人，但是，当人们靠近它们时，它们并不望人而逃，有时好像若无其事，有时好像羞羞答答、不知所措，有时则是又东张西望、交头接耳、唧唧喳喳。那种憨厚中带有几分傻劲的神态，真是惹人发笑。也许，它们很少见到人，是一种好奇的心理使然吧。

　　企鹅是南极的土著居民，人们把它看做是南极的象征。那么，南极企鹅的老家在什么地方？企鹅的祖先会不会飞？企鹅是由什么动物进化来的？这些问题至今仍然是个谜。

　　"喜欢它并不错，但喜欢就要让它们生活得更好"。如果因人类而使这些可爱的动物"灭绝"，不但使我们这些喜欢企鹅的人伤心欲绝，所有人类也会后悔的！不仅仅是企鹅，我们应该保护和爱护世界上的每种动物。

▍拓展思考▕

　1. 太阳能汽车都具有什么优势？
　2. 太阳能汽车上所用的蓄电池主要有那几种呢？

认识我们身边的太阳能

太阳能飞机

Tai Yang Neng Fei Ji

太阳能飞机主要是通过太阳的辐射作为推进能源的飞机，太阳能飞机的动力装置由太阳能电池组、直流电动机、减速器、螺旋桨和控制装置组成。由于太阳辐射的能量密度比较小，而又为了获得足够的能量，飞机上应具备较大的摄取阳光的表面积，以便提高太阳

※ 太阳能飞机

电池的能量，因此太阳能飞机的机翼比较大。常见的机型有："太阳神"号、"天空使者"号、"西风"号和"太阳脉动"号。

太阳能飞机是以太阳辐射作为推进能源的飞机。20 世纪 70 年代，随着成本合理的太阳能电池的出现，太阳能飞机就问世了。当时只有微型号，直到 1980 年才成功研制载人飞行，但从来没有进行过载人整夜飞行，而且飞行的距离一直都不长。如今，"太阳脉动"计划更是吸引了众多航空爱好者的眼球，因为瑞士著名的探险家贝特朗·皮卡尔计划不使用普通燃料而驾驶太阳能飞机进行环球飞行。

◎发展的历程

到了 20 世纪 70 年代末，人力飞机的发展积累了制造低速、低翼载和重量轻飞机的经验。在这一基础上，80 年代初美国研制出了"太阳挑战者"号单座太阳能飞机。这架太阳能飞机的翼展为 14.3 米，翼载荷为 60 帕，飞机空重 90 千克，机翼和水平尾翼上表面共有 16,128 片硅太阳电池，在理想的阳光照射下能输出 3,000 瓦以上的功率。1981年 7 月，这架飞机从巴黎到英国成功地试飞，平均时速为 54 千米，航程一共 290 千米。太阳能飞机依然处于试验的研究阶段，它的有效载重和速度都非常低。有人提出设计一种无人驾驶的高空和低速遥控太阳能

飞机，白天飞行时利用取得的太阳辐射能尽量飞高，夜间利用高度作滑翔飞行，这样有效利用取之不尽的太阳能，可维持长时期的飞行。这样的飞机对气象观测和侦察任务至关重要。2007 年 11 月 5 日，在瑞士杜本多夫举行的新闻发布会上，首次展出了"阳光脉动"太阳能飞机样机。科研人员经历了 4 年，克服了重重困难，终于制成成功了这架太阳能飞机。2003 年，瑞士探险家贝特朗·皮卡尔提出了太阳能飞机环球飞行构想，他计划驾驶太阳能飞机，经过 5 次起降实现环球昼夜飞行，这一计划被命名为"太阳脉动"。环球飞行预计从 2011 年开始，这将是历史上太阳能飞机首次载人作昼夜和长距离的一次飞行。

◎试飞高度

　　试飞的高度：太阳能飞机成功试飞的高度可达 20 000 米。

　　根据美国相关研究得出，美国太空总署资助研制的太阳能飞机"太阳神"号在夏威夷顺利完成试飞，在 10 小时 17 分的飞行中达至 22,800 米的目标高度。飞机的飞行完全依靠太阳能的驱动等技术成熟之后，它将可能被投入商业和军事应用。

※ 巨大的太阳能飞机

　　"我们实现了所有的预定目标。"负责此次飞行试验的美国太空总署官员约翰·辛格斯高兴地说，"飞机飞行状况良好。"

　　关于"太阳神"号的应用范围，美国太空总署的官员研究表示，它将用于高空卫星平台和低成本的电子通信领域，还可以用来探测大气的温度。此外，"太阳神"号也可以用于商业和军事方面。

　　1999 年，"太阳神"号在加州试飞，但当时完全依靠电池驱动，随后研究人员将"太阳神"号运往阳光和风力更适宜飞行的夏威夷，装上 65,000 片太阳能板，由地面两名机师通过遥控设备直接"驾驶"；太阳能板输出的电力驱动小型发动机，使机上 14 个螺旋桨转动。

　　研究人员预计"太阳神"号最高可飞到 3 万米的高空，要超出喷气式客机飞行高度的 3 倍多。

◎环球载人飞行的大揭秘

发展计划

自古以来，在天空中自由的飞翔都是人类的梦想，而各种各样的飞行器就是实现人类飞翔的翅膀。

2011 年，瑞士著名的探险家计划挑战太阳能飞机环球载人飞行的构想，并于当年的 5 月 22 日正式展开了对这架飞机的网上模拟试验。航空技术的不断发展，已经使人们慢慢察觉到：利用取之不竭的阳光实现永久的飞行，犹如跳出科幻的意味，变得越来越可行。正如英国皇家航空俱乐部的巴里·罗尔夫所说："谁知道将来还有什么会成为可能呢？"

整夜的航行

2003 年的时候，瑞士著名的探险家贝特朗·皮卡尔就提出了关于太阳能飞机环球飞行构想，筹划着驾驶太阳能飞机，经过 5 次不间断的

※ 太阳能飞机在自由的飞翔

昼夜飞行,最终利用太阳能飞机实现永久的飞行。这一计划被科学界命名为"太阳脉动"。

太阳能飞机惊人的续航力主要来源于取之不竭的阳光。从理论上讲,只要太阳能飞机能追上地球自转的速度,使飞机自身永远暴露在阳光照耀下,太阳能飞机就能永久的飞行,飞翔的持续时间取决于自身部件的寿命。从实际方面来说,飞机要和地球同步,这就需要以接近两倍的速度飞行,这只有在已经退役的"协和"超音速客机上才能真正体会到,因此现实的永久飞行构想还必须面对黑夜的挑战。

太阳能动力

彻夜飞行是"太阳脉动"计划面临的最大挑战,在伸手不见五指的漆黑夜晚飞机根本无法采集到阳光,它只能依靠白天储蓄电池的有限能量。皮卡尔承认:"我们最大的问题是能否在白天储存足够的太阳能,保证夜晚飞行。"他所认为的也就是只要蓄电池的能量密度、重复充电能力和太阳能电池板的能量转换效率以及电动机的经济性达到一定的水平,太阳能飞机就可以在空中数周数月地飞行下去,这并不是一个遥不可及的目标。

网上模拟飞遍全球

一共有60名科研人员组成的研究小组,其中包括皮卡尔,研究机构总部设在瑞士,他们的科学研究得到了法国达索特航空和欧洲宇航局的大力支持,整个项目一共投资7,000万欧元。

世界发展到今天还没有开创驾驶太阳能飞机实现昼夜连续飞行的先例,因此在实际飞行前,皮卡尔和他的研究小组要充分完成数据模拟以及保证飞行的安全。网上模拟必须充分考虑"太阳脉动号"可能遇到的各种实际情况。飞机在白天的时候攀升到高空,在夜间降低飞行的高度,以节省有限的能源,但具体飞行高度需要模拟确定。此外,此次模拟飞行还要考虑恶劣天气的影响,以及如何避开云层、如何最大限度获取阳光等问题。参与飞行计划的气象学家卢卡·特鲁曼斯说:"我生来第一次希望天天都艳阳高照。"

驾驶舱仅能容一人

就目前而言,研究小组正在赶制"太阳脉动"的第一架样机,他们

认识我们身边的太阳能

所采用的都是代表最新技术水平的超轻的材料、太阳能电池、能量管理系统和驾驶员健康检测系统等。按照设想，"太阳脉动号"飞机主要由碳纤维制成，外形就像一只巨大的蚊子，表面覆盖着 240 平方米的太阳能光电板，装有一组 400 千克的锂电池，通过 4 台电动机驱动直径数米的螺旋桨完成缓慢的旋转，能在 10,000 米以上高度以 70 千米/小时的速度巡航飞行。

太阳能光电板能将太阳照射的阳光转化为电能，储存到超薄的锂电池中，带动机翼上 4 个电动螺旋桨发动机，这些螺旋桨为飞机了提供动力。在这样的飞行中，"太阳脉动号"从太阳得到的平均功率只与 1903 年莱特兄弟的飞机功率相当，这要求锂电池每千克的能量密度必须接近 200 瓦/小时。

※ 太阳能电池

太阳能电池

超薄和柔性的太阳能锂电池必须要承受变形、振动、-60℃～80℃ 的温度变化，还有超强烈的紫外线。科学研究制造的宽达 80 米的超轻细长机翼也是前所未有的技术考验，在 12,000 米以上高空驾驶的时候，驾驶舱必须要增压、保温和除湿。另外，为节省能源和减轻机身的重量，驾驶舱设计得非常小，只能容下一个飞行员。飞机的起飞都是飞机自行完成的，白天它逐渐升高，夜晚则缓慢滑翔下降，这样有利于节省有限的能量，飞机的底部也安装太阳能的光电板，接受反射的阳光。

"太阳脉动"是一项极其复杂的工程，科研人员决定分阶段来实施，并进行充分试验和准备，从而降低风险性。就能源消耗方面而言，飞机一直是最昂贵的交通工具，温室气体排放量占全球气温的3%以上，而太阳能飞机堪称是最纯净的绿色飞行方式。据皮卡尔预计，"太阳脉动号"太阳能飞机飞行计划的成本非常高，如果以美元计算的话，则需要9 400万美元。虽然目前没有商业化竞争的前景，但科学家们更看重的是无污染的飞行，皮卡尔希望这架飞机上能够引起人们对可持续发展技术更多的关注。

"太阳能挑战者"号

到了20世纪70年代末，人力飞机的发展积累了制造低速、低翼载和重量轻的飞机的经验。在这一基础上，80年代初美国又研制出了"太阳挑战者"号单座太阳能飞机。飞机的翼展长为14.3米，翼载荷为60帕，飞机的空重量为90千克，机翼和水平尾翼上表面一共有16,128片硅太阳电池，在理想阳光照射下能接受到的功率可达3,000瓦以上。

1981年7月7日，第一架以太阳能为动力的飞机成功飞过了英吉利海峡，这就是著名的"太阳能挑战者"号。这架约95千克重的飞机从巴黎西北部约40.233米远的科迈伊森－维克辛为起点，以平均每小时约48.280米的速度和3,352米的飞行高度，成功完成了全长约265,541米的航行，最后在英国东南海岸的曼斯顿皇家空军基地着陆。

该动力装置的设计者是保罗－麦克里迪，他曾经建造第一架人力发动的飞机越过海峡。这架"太阳能挑战者"号是由安装在机翼的1.6万个阻挡层太阳能光电池发动起来的，这些电池把光能转变为电能并加以推动2.7马力的发动机。"太阳能挑战者"号飞机曾经几次试图飞过海峡都没有成功，此次借助极好的夏日阳光终于达到了目的地。飞机着陆的时候受到了30人的迎接。

太阳神号

曾经有一个公司为NASA的环境研究机和传感器技术计划研制的"太阳神"号无人机，是最著名的太阳能飞机。"太阳神"号飞机的研制耗资约1,500万美元，主要是用碳纤维合成物制造而成，部分起落架的

认识我们身边的太阳能

※ "太阳神"号

材料为越野自行车的车轮，整架飞机的重量为 590 千克，比小型汽车还要轻。"太阳神"号的飞机在外形方面最大的特点是：有两个非常宽的机翼，其机身的长度为 2.4 米，而活动机翼如果全面伸展的话可以达到 75 米，连波音 747 飞机也是望尘莫及。

"太阳神"号的整个机身上装有 14 个螺旋桨，动力主要来源于机翼上的太阳能电池板。在早晨阳光下的反应并不是很强烈，"太阳神"装备的太阳能电池可以为飞机提供 10 千瓦的电能，使飞机能够以每秒 33 米的速度迅速上升。中午的时候，电池提供的电能可以达到 40 千瓦，从而使飞机的动力性能达到最佳状态，并能以每小时 30～50 千米的速度巡航飞行。晚上的时候，飞机则是依靠储存的电能进行巡航飞行的。

2001 年，科学研究人员把"太阳神"号运往了夏威夷，装上 65,000 片太阳能板，由地面上两名机师透过遥控设备"驾驶"；在 10 小时 17 分的飞行中，"太阳神"号达至 22,800 米的目标高度。研究人员预计"太阳神"号最高可以飞行到离地面 30,000 米的高空，会超出喷气式客机飞行高度 3 倍多。

2003 年 6 月 26 日，发生了一件令科学家意想不到的事，"太阳神"在试飞过程中突然发生空中解体的现象，不幸坠入了夏威夷考艾岛附近海域。经调查，"太阳神"号在空中飞行 36 分钟的时候突然遭遇强湍流，导致两个翼端向上弯，致使整个机翼诱发严重的俯仰振荡，这一弯度完全超出了飞机结构的扭曲极限。

对于"天空使者号"人们理解起来非常简单，实际上就是苏黎世瑞士联邦理工学院和欧洲宇航局联合设计的一款太阳能驱动火星研究飞行器。随着技术的进步，研究者可以肯定，在未来 10～20 年内，"天空使者号"将能够成功抵达火星内轨道。

"天空使者号"要想成功在火星上空自如的飞

※ "天空使者"号

行，必须满足火星飞行的几项条件：低密度大气层、微弱的太阳能、多变的风向和冰点以下温度。设置的飞机为了满足这些限制条件，经科学家们论证，飞机的最佳翼展约为 3 米。整个飞机的重量为 2.6 千克，电池的重量约占机身的一半。

2005 年初的时候，科学家们建造和测试了首台原型机，首次采用手动发射，该原型机在地球上空能够持续飞行 5 小时。原型机采用的能量主要由包括西印度轻木虑芯和碳纤维在内的刚性轻质材料制作而成。整个飞行器一共配备了 216 块硅太阳能电池，在理想的太阳光条件下可以为飞机提供 80 瓦特以上的电力，促使飞机产生更大的动力。

由于"天空使者号"拥有小而轻质的结构，所以它可以装载一些高技术设备。通过数字传感器可以精确地测量出高度和空速，这使飞机能够在诸如海岸或者峡谷之类的目标上空顺利飞行。携带的电荷耦合照相机可清晰的拍摄到地面。当飞机自动驾驶出现故障的时候，科学家还可以通过一个地面控制站监控和为正在飞行中的飞机发送相应的指令。

太阳脉动号

"太阳脉动号"中的太阳能锂电池是超薄型的，通常可以抵御零下 60℃低温和 80℃的高温太阳能。整个板块的面积为 240 平方米，能够储存足够的太阳能，让飞机在黑夜中靠锂电池驱动螺旋桨。

载人环球成功飞行

2007～2008 年，科学家成功研制出一架机翼翼展为 60 米的"太阳脉动"号的样机，进行短距离的夜间飞行。

2009～2010 年，科学家又成功研制出一架翼展为 80 米的样机，实现长距离而且不间断飞行，例如横越大西洋和跨洲的飞行。

2010 年 5 月初，"太阳脉动"号将进行着陆环球试飞，以欧洲为出发点，在波斯湾着陆，又从好望角到达中国南部的深圳，再飞越太平洋到加州，最后经过纽约和巴黎成功回国。在飞行的途中在每个大陆着陆一次，每个航段持续 4～5 天，这是飞行员能够承受的最高极限。

电池效率达到一定的水平可以使重量进一步减轻，后来将"太阳脉动号"改装成可承载两人，在北半球最终完成不着陆和无燃料环球的飞行，其平均速度为每小时 80 千米。

西风号

2006 年 8 月，英国科学家首度研制成功了全球太阳能无人侦察机，这架无人侦察机的名字为"西风"号。这架侦察机采用的是利用全球定位系统进行导航，侦察机的最大飞行高度可以达到 40,000 米。侦察机依靠的是太阳能电池提供动力，可持

※ "西风" 号

续飞行 3 个月，对目标实行长时间的高密度监控。预计在未来的两三年里，它将被广泛应用于阿富汗和伊拉克战场。

从 2003 年开始到现在，研究人员已经先后制造了 4 架侦察样机，样机制造的非常轻巧，总重量达 33 千克。样机的机翼由碳素纤维制作，宽 12.2 米，表面上覆盖着一块块太阳能电池面板，经过太阳反射收集到的太阳能一方面驱动螺旋桨，一方面储存到 40 节锂电池中，供夜间使用。为了防止机身表面的温度过高，科学家设计在"西风"号的表面上涂满一种特殊"太空油脂"。这种航空润滑油也是特制的，能在极端气温条件下保护轴承。

在美国新墨西哥白沙导弹靶场，"西风"号侦察机试飞成功。

虽然体积和重量发生严重的"缩水"现象，但是"西风"号的功能却大大增强了，在它上面，照相机可以从 18,288 米的高空，精确拍摄大小仅为 25.4 厘米的地面目标，而且非常清楚。同时，它还可以接收和传播特种部队士兵从远方发送来的无线电信号。可见，其功能是非常强大的。

不过，由于"西风"号是为高空飞行设计的，整个机身比较脆弱，动力也非常小，因此侦察机完全不能依靠自身的动力起飞。寻找一种新的稳定而且可靠的发射方式，正是现在科学研究的重点。2006 年 8 月初，"西风"号模型机在美国新墨西哥州成功试飞，由于它自身拥有的动力过于弱小，在试飞过程中，3 名男子顺着风沿着跑道狂奔数分钟之后，才把它"送"上了蓝蓝的天空。

"阳光动力"号

"阳光动力号"的整个机翼可以承载 200 平方米的光伏电池面板，通常可在夜间飞行。

"阳光动力号"飞机是由一批致力于环保事业的瑞士科学家、工程师和探险家研制开发的，制造公司是瑞士阳光动力公司。"阳光动力"号属于单座太阳能飞机。

"阳光动力号"飞机是一架完全依靠太阳能飞行，而且拥有与空客 A340 飞机一样长的"翅膀"，重量只相当于一辆中等轿车的飞机。科学家的目标就是要制作一架完全由太阳能驱动的飞机，而且在飞行期间不用消耗任何发动机燃料，也不排放任何污染环境的物质。科学家曾预计，在 2012 年，"阳光动力号"飞机开始在环球首次旅行。

"阳光动力号"飞机能进行昼夜飞行。飞机在日出时出发，高度逐渐上升，在上升过程中，太阳能充电一直在进行；飞机最终能够攀升到 9,000 米的高空，此时，蓄电池已经充满，但夜晚也即将来临；日落后，飞行高度和蓄电量都达到峰值的飞机开始使用蓄电池中的电量提供飞行动力，同时高度开始下降至 1,500 米，以减少能耗。只要操作得当，蓄电池中的电量足以支撑到第二天日出之时。

◎发展前景

国际航空运输协会希望能在 2050 年实现飞行器的碳排放量为零。

而阳光动力公司曾经设想到，在未来的几年里，着重解决光能完全吸收的问题。因为只有大幅度提高电池的功效，才可能增加机上人员的数量。随着科技的发展，相信在 40 多年之后，承载 300 名乘客的全太阳能飞机正式投入运营。

▶知 识 窗

　　天空忽明忽暗，颜色发出红的、蓝的、绿的、紫的光芒的这种壮丽动人的景象就叫做极光。极光是由于太阳带电粒子进入地球磁场，在地球南北两极附近地区的高空，夜间出现灿烂美丽的光辉。在北极就叫做北极光。

　　地球南、北极的高空，夜间常常会出现灿烂美丽的各种各样的极光。极光轻盈地飘荡着，同时伴随的颜色是五光十色，千姿百态。极光总是不断出现，也可以说在世界上根本找不出两个一模一样的极光形体来。经过科学研究，将极光按其形态特征分成了五种：一是底边整齐微微弯曲的圆弧状的极光弧；二是有弯扭褶皱的飘带状的极光带；三是如云朵一般的片朵状的极光片；四是面纱一样的极光幔；五是沿磁力线方向的射线状的极光芒。

　　极光的运动是难以预测的，可以上下纵横成百上千千米，甚至还存在近万里长的极光带。这种宏伟壮观的自然景象，有一份神秘色彩。令人叹为观止的则是极光的色彩，用五颜六色是形容不出来的。但是，究底其本色不外乎是红、绿、蓝、紫、白、黄，可是大自然却用它独特的画笔描绘出极光的多姿多彩。根据不完全统计，目前能分辨清楚的极光色调已达 160 余种。

　　极光这般多姿多彩，如此变化万千，又是在这样辽阔无垠的穹窿中、漆黑寂静的寒夜里和荒无人烟的极区出现，此景此情，真是让人陶醉不已。

拓展思考

1. 阳光动力号是由哪个国家制造的？
2. "太阳神"号最高可飞到多少万米的高空中？

认识我们身边的太阳能

太阳能武器

Tai Yang Neng Wu Qi

太阳能不仅能供应人类取暖，给人类带来了温暖、阳光，智慧的人类更将太阳能引入了一个全新的范畴。自古以来就有阿基米德利用太阳能击溃前来侵犯的敌人，诸葛亮倚靠太阳光护主撤退的千古美谈，如今人类又能利用太阳能发电。所谓太阳能武器，就是依靠太阳能运行的新概念武器。

※ 太阳能武器

◎古代历史的记载

公元前 213 年，罗马舰队进攻西西里岛城市叙拉古，著名的古希腊科学家阿基米德曾经利用太阳能击溃了前来侵犯的敌人。阿基米德当时是西西里国王赫农的军事顾问，他利用巨大的镜子反射阳光，将前来的罗马人的船只烧成一片灰烬。这个故事广为流传，为这位杰出的科学家增添了许多神秘色彩。不过，目前美国麻省理工学院及亚利桑那大学的研究人员对这个故事进行了验证，其结论是：它多半只是个传说。

◎现代人对历史传说的论证

之前这两所大学的研究人员在旧金山海滨附近进行了相关的实验。首先进行尝试的是麻省理工学院的小组，他们组装了一面 300 平方米的巨型镜子，这个巨型镜子的材质是青铜和玻璃，工作人员把一艘旧渔船放在离镜子 45 米远的水上，尝试着用镜子反射阳光去点燃它。但是他们没有成功，于是工作人员又把渔船移近了一半的距离。这一次，聚焦的阳光使船上燃起了一点小火，不过很快火势就熄灭了。在之后的一段时间里，亚利桑那大学的小组也进行了类似的试验，同样也遇到了失败。

根据12世纪东罗马帝国著名学者约翰·佐纳拉斯记载，阿基米德焚毁罗马船只的场面是十分壮观的："最终，他以一种不可思议的方式点燃了整支罗马舰队。通过把某种镜子斜向太阳，他聚合了太阳的光线。由于镜子又厚实又光洁，所以聚合的光线点燃了空气，引发了熊熊烈火，他把所有的火焰导向了停泊在海中的敌船，将它们全部烧毁。"

◎论证结果

两所大学的实验只能表明阿基米德的故事从技术上说是可能的，但却不能解答它是否是历史真实的问题。麻省理工学院著名教授大卫·华莱士说："谁知道阿基米德究竟做没做过这件事呢？他是历史上最伟大的数学家之一，我不想对他的才智和能力提出质疑。"不过，发现频道相关节目的制片人彼得·里斯却认为实验已经说明了阿基米德的故事并不可靠："我们并不是说这完全不可能，只是觉得这样的战争武器非常不现实……要是这样做能行的话，那它简直相当于现代世界的核武器。"

◎现代科学的验证

美国和俄国的科学家们正在研制一种"太阳能武器"，分析出"太阳能武器"能在一瞬间制造出几千度的高温，强烈的高温光线能从太空穿过厚厚的云层直接抵达地球表面，其温度足以融化和烧毁地球上的任何一个目标。"太

※ 太阳能核武器

阳能武器"不像中子弹，中子弹单单只是杀死建筑中的所有生物，而建筑却仍然完好无损地保存在那里。"太阳能武器"的致命弱点就是在阴雨天无法使用，不过这个难题在科技发达的今天根本成不了什么问题，因为科学家可以将"太阳镜"运送到太空中。也许"太阳能武器"唯一的缺点是杀伤力太大，就像氢弹爆炸一样，被它击中的地方将会立刻变成一片焦土。

▶知识窗

　　贪婪的人们致使狐狸濒临灭绝，狐狸的生存受到了严重的威胁，于是狐狸便开始努力让自己适应环境。在小狐狸刚产下来不久，狐狸妈妈就狠心地赶走小狐狸，让它们自己去适应外界的环境。所以狐狸就变得越来越聪明了。

　　通常情况下，狐狸很少自己筑巢，它们都是强行从兔子等弱小的动物那里抢来的，巢穴入口很多，越往里越是迂回曲折。它们不怕猎犬，还经常设计陷进"陷害"猎犬。如果它们看到有猎人进入洞穴的话，它们就会跟在猎人的后面，看到猎人离开后，它们就在陷进旁边留下恶臭来警示同类。

　　在人们的心目中，狐狸就是狡猾、虚伪、奸诈的象征，但同时也象征着美丽妖娆的坏女人。商代时期的苏妲己就是很好的例子。

　　狐狸主要生活在森林、草原、半沙漠和丘陵地带，居住在树洞或者是土穴中，它们常常在傍晚外出觅食，到了天亮才回"家"。狐狸的嗅觉和听觉特别好，所以能捕食小动物，但有的时候也会采摘一些野果。因为狐狸主要是吃鼠类，所以偶尔袭击家禽。可以说，狐狸并不是一种对人类有害的动物。

| 拓展思考 |

1. 太阳能武器有多大的威力？
2. 太阳能武器致命的弱点是什么呢？

太阳能路灯

Tai Yang Neng Lu Deng

◎基本简介

太阳能路灯主要是以太阳光为能源，白天，太阳能电池板给蓄电池充电，等到晚上的时候，蓄电池可以保障太阳能路灯系统在阴雨天气 15 天以上正常工作。太阳能路灯的系统主要是由 LED 灯头、太阳能灯具控制器、蓄电池和灯杆等几部分构成。

◎系统组成

太阳能电池组件一般都是选用单晶硅或者多晶硅太阳能电池组件；控制器一般放置在灯杆内，具有光控、时控、过充过放保护及反接保护，更高级的控制器还具备四季调整亮灯时间功能、半功率功能、智能充放电功能等；LED 灯头一般选用大功率 LED 光源；蓄电池一般放置于地下或者有专门的蓄电池保温箱，可采用阀控式铅酸蓄电池、胶体蓄电池、铁铝蓄电池或者锂电池等。太阳能路灯具有全自动工作的功能，不需要挖沟布线，但灯杆需要装置在预埋件上，载供电使用，不需要复杂昂贵的管线铺设，可任意地调整灯具布局，安全节能无污染，无需人工操作、稳定可靠，节省电费免维护。

◎工作原理

太阳能产品主要有太阳能路灯、太阳能庭院灯、太阳能景观灯、太阳能发电系统、太阳能充电包和太阳能组件，等等，其质量过硬，价格非常合理。

◎设计思想

太阳能电池组件选型：

设计的规定：北京地区，负载输入电压 24 伏，功耗 34.5 瓦，每天工作的时间为 8.5 小时，保证连续阴雨天数 7 天。

（1）北京地区近 20 年年均辐射量 107.7 千卡/平方厘米，经简单计算北京地区峰值日照时数约为 3.424 小时；

（2）负载日耗电量：12.2 安时；

（3）太阳能组件的最少总功率数：17.2×5.9＝102 瓦。

选用峰值输出功率 110 瓦、单块 55 瓦的标准电池组件，应该可以保证路灯系统在一年大多数情况下的正常运行；

（4）所需太阳能组件的总充电电流：1.05×12.2×（20＋7）÷20÷（3.424×0.85）＝5.9 安培。

在这里，两个连续阴雨天数之间的设计最短天数为 20 天，1.05 为太阳能电池组件系统综合损失系数，0.85 为蓄电池充电效率。

◎所占的优势

1. 发光效率高，耗电量小，使用寿命长，工作温度低；

2. 安全可靠性强；

3. 反应速度快，单元体积小，绿色环保；

4. 同亮度下，耗电是白炽灯的 1/10，荧光灯的 1/3，而寿命却是白炽灯的 50 倍，是荧光灯的 20 倍，是继白炽灯、荧光灯和气体放电灯之后的第四代照明产品。灯泡的发明者是爱迪生；

5. 单颗大功率超亮度 LED 的问世，使 LED 应用领域跨至高效率照明光源市场成为可能，这是人类继爱迪生发明白炽灯后最伟大的发明之一。

▶知识窗◀

雨林是神秘的，充满了各种危险，但却是众多生物的天堂。而雨林大多紧临赤道，非洲、亚洲和南美洲经过赤道的地方都有大片的雨林。雨林的气候是很湿润的，这种气候能够保证树和植物的快速生长，而树和植物也为雨林中的众多生物提供食物和庇护所。

雨林主要分为热带雨林和亚热带雨林。热带雨林分为两个季节，雨季和干季，并且有温度和日照变化。不过在树木密度和树种方面，亚热带雨林就没有热带雨林多。热带雨林主要分布在中、南美洲亚马逊流域、非洲刚果盆地以及南亚等地。

热带雨林是一种茂盛的森林类型，人们进入到森林里，仿佛置身于神话世界。

即里抬头不见天，低头只见苔藓，林中密不透风，而且潮湿闷热，地上到处湿滑。在中国，西双版纳是唯一一个热带雨林自然保护区，莽莽苍苍，绵亘上百里。走在西双版纳的原始森林中，林木参天蔽日，就使光线非常暗，而且伸手不见五指，只能听见踩在厚厚的落叶层上沙沙的声音。如果人在林中行走，不仅困难重重，到处充满着危险，而且有虫蛇时常出没。这里有着许多植物界的奇观，基本表现是枝蔓藤绕，而且供行人徒步的小道，也只有一尺多宽。在通过时，还时不时有粗壮的老藤横亘其中，所以就需要低头猫腰穿过。不管是大树还是老藤，都被密密麻麻地缠绕着很多细藤、根须或其他植物，稠密的地方简直就像蜘蛛网。

在浩瀚林海的表面，呈现的是欣欣向荣与宁静，但是其中却蕴藏着无声的杀戮，如果不拼命疯长、如果不努力向上争取阳光雨露，就意味着死亡；植物间残酷的竞争，造成了热带雨林特有的绞杀现象。战争的主导者是榕树，榕树的果实很坚硬，不容易被啄食的飞禽走兽消化，就会随着飞禽走兽的粪便粘在其他树上，在适宜的条件下就会发芽，长出纵横交错的气生根，包裹树干，并逐渐爬到地面、伸入泥土，形成硕大根系。这些气根，拼命争夺水分和养分供自己迅速生长，枝叶很快就能覆盖树冠争夺阳光，气根不断长粗形成一张网状，紧紧把树干勒住，直到它们窒息而死，自己取而代之，长成一株独立的大树。

拓展思考

1. 简单对太阳能路灯做一个简述。
2. 太阳能路灯的工作原理是什么？

太

第四章

阳能未来的发展

TAIYANGNENGWEILAIDEFAZHAN

世界的未来是什么样子的呢？太阳能在未来能为人类带来什么便利呢？太阳能有什么优点呢？请看本章节的介绍。

太阳能控制器

Tai Yang Neng Kong Zhi Qi

太阳能控制器的全称为太阳能充放电控制器，主要是用于太阳能发电系统中，控制多路太阳能电池方阵、对蓄电池充电以及蓄电池给太阳能逆变器负载供电的自动控制设备。太阳能控制器采用高速CPU 微处理器和高精度 A/D 模数转换器，是一个微机数据采集和监测控制系统。

太阳能控制器既可快速实时采集光伏系统当前的工作状态，随时获得 PV 站的工作信息，又可详细积累 PV 站的历史数据，为评估 PV 系统设计的合理性及检验系统部件质量的可靠性提供了准确而充分的依据。此外，太阳能控制器还具备串行通信数据传输功能，可将多个光伏系统子站进行集中管理和远距离的控制。

太阳能控制器常见的 6 个标称电压等级：12 伏、24 伏、48 伏、110 伏、220 伏、600 伏。

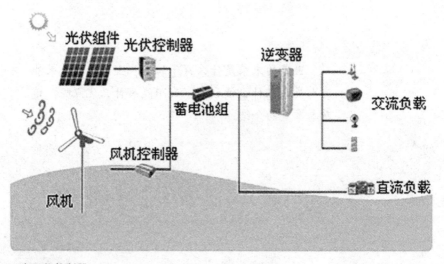

※ 太阳能控制器

认识我们身边的太阳能

◎太阳能控制器具有的三大功能

1. 功率调节功能。

2. 通信功能：

（1）简单指示功能；

（2）协议通信功能如 RS485 以太网，无线等形式的后台管理。

3. 完善的保护功能：电气保护反接、短路、过流等。

◎太阳能控制器的选择

1. 退出保护电压

现在一些客户发现，太阳能路灯在亮了一段时间之后，尤其是连续阴雨天的时候，就会连续几天甚至很多天都不亮，检测蓄电池电压是正常的，控制器和灯也没有出现任何的故障。

这个问题曾经让很多工程商极其地疑惑，其实这个是"退出欠压保护"的电压值问题，这个值设置的越高，在欠压后恢复的时间越长，也就造成了很多天之后灯无法恢复原来的亮度。

2. LED 灯恒电流输出

LED 本身具有很多的特性，必须要通过技术手段对其进行恒流或限流，否则根本无法正常使用。常见的 LED 灯都是通过另加一个驱动电源来实现对 LED 灯恒流的控制，但是这个驱动却占到整个灯总功率的 10％～20％左右。比如一个理论值 42 瓦的 LED 灯，加上驱动后实际功率可能在 46～50 瓦左右。在计算电池板功率和蓄电池容量的时候，必须多加 10％～20％来满足驱动所造成的功耗。除此之外，多加了驱动就多了一个产生故障的环节。工业版控制器通过软件进行无功耗恒流，稳定性非常高，而且降低了整体功耗。

3. 输出时段

一般的控制器一般只能设置开灯后 4 小时或者 8 小时等若干个小时关闭，显然这已经无法满足众多客户的需要。工业版控制器可以分成三个时段，每个时段的时间可以任意设置，根据使用环境的不同，每个时段可以设置成关闭状态。比如有些厂区或者风景区夜间无人，可以把第二个时段关闭，或者第二、第三个时段都关闭，这样可以大大降低使用的成本。

设置中的太阳能控制器

4. LED 灯输出功率调节

在太阳能应用的灯具之中，LED 灯是最适合通过脉宽调节来实现输出功率。在限制脉宽或者是电流的同时，对 LED 灯整个输出的占空比进行调节，例如单颗 1 瓦的 LED7 串 5 并合计 35 瓦的 LED 灯，在夜间放电时，可以将深夜和凌晨的时段分别进行功率调节，如深夜调节成 15 瓦，凌晨的时候调节成 25 瓦，并锁定电流，这样即可以满足整夜的照明，又节约了电池板和蓄电池的配置成本。经过长时间的实验证明，脉宽调节方式的 LED 灯，整灯产生的热量要小的多，从而能够延长 LED 的使用寿命。

有些灯厂为了达到夜间省电的目的，把 LED 灯的内部结构做成两路电源，夜间关闭一路电源来实现输出功率的减半，但经过实践证明，此种方法只会导致一半的光源光衰、亮度不一致或者一路光源提早发生损坏的现象，可见，这一做法对 LED 灯是没有好处的。

5. 线损补偿

线损补偿功能对于目前常规的控制器是很难做到的，因为需要有软件设置的支持，根据不同的线径与线长给予自动的补偿。线损补偿在低压系统中非常重要，因为电压较低，线的损害量相对比较大，如果没有相应的线损电压补偿，输出端的电压可能会低于输入端数值比较多，这样就会造成蓄电池提前欠压保护，蓄电池容量的实际应用率被打了折扣。值得注意的是，在使用低压系统时，为了降低线损压降，尽量不要使用太细的线缆，线缆也不要太长。

6. 散热

很多控制器为了降低成本，没有考虑散热问题，这样造成负载的电流较大或者是充电的电流较大，热量明显增加，控制器的场管内阻被增大，导致充电效率大幅下降，场管过热后使用寿命也大大缩短甚至被烧毁，尤其夏季的室外环境温度相对比较高，所以良好的散热装置是控制器必不可少的。

MCT 充电方式就是追踪电池板的最大电流，不造成浪费，通过检测蓄电池的电压以及计算温度补偿值，当蓄电池的电压接近峰值的时候，再采取脉冲式的涓流充电方法，既能让蓄电池因充满也防止了蓄电池的过充。常规的太阳能控制器的充电模式是照抄了市电充电器的三段式充电方法，分别是恒流、恒压和浮充三个阶段。因为市电电网的能量无限大，如果不进行恒流充电，会直接导致蓄电池因充爆而损坏，但是

※ 太阳能路灯

太阳能路灯系统的电池板功率有限，所以继续延用市电控制器恒流的充电方式是不科学的，如果电池板产生的电流大于控制器第一段限制的电流，就造成了充电效率的下降。

▶ 知 识 窗

·患雪盲症的到底是什么原因呢？·

雪盲是高山病的一种，是由于阳光中的紫外线经雪地表面的强烈反射而对眼部所造成的损伤。患者开始两眼肿胀，非常难忍，怕光、流泪、视物不清；经久暴于紫外线者可见眼前黑影，暂时严重影响视力，故误认为"盲"。登山运动员和在空气稀薄的雪山高原上工作者易患此病。配备能过滤紫外线的防护眼镜，可起到预防作用。

雪盲原来就是由积雪对太阳光的很高的反射率造成的。在南极辽阔无垠的雪原上，有些地方的积雪表面非常的干净，微微下洼，就好像探照灯的凹面。在这样的地方，就有可能出现白光。出现白光的雪面，当然要比普通雪面所反射的阳光更集中更强烈了。在一般情况下，雪面并不像镜子那样直接把太阳光反射到人的眼睛里，而是通过雪面的散射刺激眼睛。人眼在较长时间受到这种散射光的刺激后，会得雪盲症。因此，有时候即使是在阴天，在积雪地上活动久了的不戴墨镜的人，眼睛也会出现暂时失明的现象。

南极是一个白茫茫的冰雪世界，但是在有的地方，如同有名的欺骗岛那样，存在着强烈的火山活动，由于南极的火山在白色世界形成非常美丽的景色，许多旅游者出于好奇，也纷纷前往南极地区一饱眼福。然而，这种反射率却更加重了阳光的反射力。这种反射能力通常用百分数来表示。比如说某物体的反射率是45%，这意思是说，此物体表面所接受到的太阳辐射中，有45%被反射了出去。雪的反射率极高，纯洁净新雪面的反射率能高到95%，换句话说，太阳辐射的95%被雪面重新反射出去了，就引起了"雪盲"症的发生。

▌ 拓展思考 ▐

1. 什么是太阳能控制器？
2. 常规太阳能三段式充电方法是哪三个阶段？

认识我们身边的太阳能

太阳能热水器的日益普及

Tai Yang Neng Re Shui Qi De Ri Yi Pu Ji

太阳能一般是太阳光辐射出来的能量。太阳能是一种可再生的新型能源，广义上的太阳能是地球上许多能量的来源，常见的还有风能、生物质能、潮汐能和水的势能等。太阳能热水器主要是以太阳能作为能源进行加热的热水器。太阳能热水器、燃气热水器和电热水器是并列的三大热水器。

※ 太阳能热水器

太阳能利用的基本方式可分为光—热利用、光—电利用、光—化学利用和光—生物利用四类。在四类太阳能利用方式中，光—热利用的技术最为成熟，产品也比较多，然而成本却比较低。例如太阳能热水器、开水器、干燥器、太阳灶、太阳能温室、太阳房、太阳能海水淡化装置以及太阳能采暖和制冷器等都是光热利用产品。太阳能光热发电比光伏发电的太阳能转化效率要高，但应用并不普遍。在光热转换中，当前应用范围最广、技术最成熟和经济性最好的是太阳能热水器。

◎太阳能利用方式

太阳能利用的方式主要有：光热利用、光化利用和光生物利用三种。

1. 光热利用

光热利用就是将太阳辐射能收集起来，通过与物质的相互作用转换成热能加以利用。目前使用最多的是太阳能收集装置，这类装置主要有平板型集热器、真空管集热器和聚焦集热器三种。未来太阳能的大规模利用是用来发电。利用太阳能发电的方式主要有两种：一是光—电转换。其基本的原理是利用光生伏打效应将太阳辐射能直接转换为电能，它的基本装置是太阳能电池。二是光—热—电转换。就是利用太阳辐射所产生的热能发电，一般是用太阳能集热器将所吸收的热能转换为工质的蒸汽，然后由蒸汽驱动的气轮机带动发电机发电。前面的过程为光—热转换，后面的过程为热—电转换。

2. 光化利用

光化利用是一种利用太阳辐射能直接分解水制氢的光—化学转换方式。

3. 光生物利用

光生物利用是通过植物的光合作用来实现将太阳能转换成为生物质的过程。目前主要利用光生物作用的有速生植物、油料作物和巨型海藻。

太阳能热水器就是把太阳光能转化为热能，将水从低温加热到高温，以满足人们在生活和生产中的热水使用。太阳能热水器按结构形式可以分为真空管式太阳能热水器和平板式太阳能热水器。目前，人类常用的主要以真空管式太阳能热水器为主，占据国内 90% 的市场份额。真空管式家用太阳能热水器是由集热管、储水箱及支架等部件组成的，把太阳能转换为热能主要依靠的是集热管。集热管就是利用热水上浮冷水下沉的原理，使水产生微循环而达到所需热水的供应量。

◎集热管工作的过程

1. 吸热过程

太阳辐射主要是透过真空管的外管，被集热镀膜吸收后沿内管壁传递到管内的水，管内的水吸热后温度不断升高，比重减小而上升，形成一个向上的动力，构成一个热虹吸的系统。随着温度的上升，热水不断上移并储存在储水箱上部，同时温度较低的水沿着管的另一侧不断补充而且反复地循环着，最终整箱水都升高到一定的温度。而平板式热水器，一般可以为分体式热水器，介质在集热板内因热虹吸不断地循环着，将太阳辐射在集热板的热量及时传送到水箱的内部，水箱内通过热交换将热量传送给冷水。介质也可通过泵循环实现热量传递。

2. 循环管路

随着生活水平的提高，现在家家都安上了太阳能。家用太阳能热水

认识我们身边的太阳能

器通常按自然循环的方式工作，这种循环没有外在的动力。真空管式太阳能热水器采用的是直插式结构，热水通过重力作用提供动力。平板式太阳能热水器通过自来水的压力提供动力。而太阳能集中供热系统采用的是泵循环。由于太阳能热水器集热

※ 家用太阳能热水器

面积非常小，考虑到热能损失，一般不采用管道循环方式。

3. 顶水式使用过程

平板式太阳能热水器采用的是顶水方式，真空管太阳能热水器也可实行顶水工作的方式，水箱内可以采用夹套或盘管方式。顶水工作的优点是供水压力为自来水压力，比自然重力式压力还要大许多，尤其是安装高度不高的时候，其特点是使用过程中水温由高向低的转变，容易掌握，使用者容易在很短的时间里适应，但是要求自来水保持供水能力。顶水工作方式的太阳能热水器比重力式热水器的成本要大，而且价格也昂贵。

◎太阳能热水器分类

按照结构来说，太阳能热水器大体可分为以下几类：

从集热部分来分：

1. 玻璃真空管太阳能热水器

玻璃真空管太阳能热水器又可细分为全玻璃真空管式、热管真空管式和 U 型管真空管式三种。常用的是全玻璃真空管式，其优点为：安全、节能、环保和经济。特别是带辅助电加热功能的太阳能热水器，这种以太阳能为主、电能为辅的能源利用方式使太阳能热水器全年全天候正常运行，环境温度低时效率仍然比较高。其缺点主要在于：体积比较庞大、玻璃管易碎、管中容易集结水垢和不能承压运行。但是清华阳光研究出的一种热管式真空集热玻璃管，是以导热介质为导热、进行热能

传递，它就充分解决了玻璃管易碎、管中容易集结水垢、管中结冰等诸多不利因素并且它的集热效果比其他集热管还高出近10％。

2. 平板型太阳能热水器

平板型太阳能热水器又可分为管板式、翼管式、蛇管式、扁盒式、圆管式和热管式。平板型太阳能热水器的主要优点是：整体性好、寿命长、故障少、安全隐患低、能承压运行、安全可靠、吸热体面积大、易于与建筑相结合和耐无水空晒性强，其热性能相对比较稳定。其缺点是：由于盖板内为非真空，保温性能差，故环境温度较低时集热性能也比较差，采用辅助加热时比较耗电，环境温度低或者是要求出水温度高时热效率较低。如冻坏则需更换整个集热板，所以适合冬天不结冰的南方地区选用。

3. 陶瓷中空平板型太阳能热水器

陶瓷太阳能板主要以普通陶瓷为基体，立体网状钒钛黑瓷为表面层的中空薄壁扁盒式太阳能集热体。陶瓷太阳能板整体为瓷质材料，本身具有很高的性能：不透水、不渗水、强度高、刚性好，不腐蚀、不老化、不褪色；无毒、无害、无放射性；阳光吸收率不会衰减，具有长期较高的光热转换效率。

※ 混凝土结构陶瓷太阳能

经过国家太阳能热水器质量监督检验中心检测，陶瓷太阳能板的阳光吸收比为0.95，混凝土结构陶瓷太阳能房顶的日得热量为8.6，远远高于国家所定的标准。陶瓷太阳能板制造、使用成本低，阳光吸收比不衰减，与建筑同寿命，为工农业、养殖业提供热能；可用于荒漠大规模太阳能热水发电、风道发电、海水淡化、苦咸水淡化、变沙漠为农田；可以用于与原房顶共用结构层、保温层、防水层、结构简单、保温隔热效果好于原房顶、与建筑一体化的混凝土结构陶瓷太阳能房顶、向阳墙面、阳台护栏面，为建筑提供热水、取暖、空调。

从结构上可以划分为：

1）紧凑式太阳能热水器：紧凑式太阳能热水器就是将真空玻璃管直接插入水箱内部，利用加热水循环，使得水箱中的水温不断升高，这是市场上最常规的太阳能热水器。

2）分体式热水器：分体式热水器就是将集热器与水箱分开，可大大增加太阳能热水器的容量，不采用落水式工作方式，大大增加了使用范围。

从水箱受压来分：

1）承压式太阳能热水器：太阳能热水器的出水是要有压力的。一般为顶水式工作，但不一定采用的都是承压式水箱。

2）非承压式太阳能热水器：普通的太阳能热水器都是属于非承压式热水器，它的水箱内部有一根管子与大气相通，是利用屋顶和家里的高度落差，使水产生压力。其安全性非常好，成本较低，而且使用寿命也比较长。

◎组成以及制造材料

太阳能热水器主要由集热部件、保温水箱、支架、连接管道和控制部件等组成。

1. 集热器

集热器是系统中的集热元件，它的主要功能相当于电热水器中的电热管。集热器和电热水器、燃气热水器不同之处在于：太阳能集热器利用的是太阳辐射出来的热量，故而加热时间只能是在太阳照射度达到一定值的时候。

目前在中国市场上常见的是全玻璃太阳能真空集热管。它的结构分为外管和内管两部分，在内管外壁镀有选择性吸收涂层。平板集热器的集热面板上镀有一种黑铬等吸热膜，金属管焊接在集热板上，平板集热器较真空管集热器成本比较高。近几年，平板集热器呈现上升趋势，尤其是在高层住宅阳台式太阳能热水器方面具有独特优势。全玻璃太阳能集热真空管一般由高硼硅 3.3 特硬玻璃制造，选择性吸热膜采用的是真空溅射选择性镀膜工艺。

2. 保温水箱

保温水箱是储存热水的容器，主要将集热管采集的热水通过保温水箱来进行储存，可以有效地防止热量损失。太阳能热水器的容量是自身的热水器中可以使用的水容量，不包括真空管中不能使用的容量。而对于承压式太阳能热水器，其容量主要介绍的是可发生热交换的介质容量。

3. 支架

支架是支撑集热器与保温水箱的架子。太阳能热水器要求支架的结构要有牢固、稳定性、抗风雪、耐老化和不生锈的特点。其材质一般都是不锈钢、铝合金或者是钢材喷塑。

※ 保温水箱

4. 连接管道

连接管道是平板热水器将热水从集热器输送到保温水箱、将冷水从保温水箱输送到集热器的管道，整套系统被连接成一个闭合的环路。设计合理和连接正确的循环管道对太阳能系统达到最佳工作状态起着至关重要的作用。

太阳能热水器至用户端也使用着连接管道。在使用热水管道必须做保温工作的处理。

5. 控制部件

一般家用太阳能热水器需要自动或半自动运行，控制系统是不可少的组件。常用的控制器是自动上水和水满断水并显示水温和水位，带电辅助加热的太阳能热水器还有漏电保护和防干烧等功能。目前市场上有手机短信控制的智能化太阳能热水器，具有水位查询、故障报警、启动上水、关闭上水和启动电加热等功能，给用户带来了更多的方便。

◎保温水箱的组成

太阳能热水器保温水箱由内胆、保温层、水箱外壳三部分组成。

水箱内胆是储存热水的重要部分，其所用材料强度和耐腐蚀性必须要高。市场上有不锈钢、搪瓷等材质。保温层保温材料的好坏直接影响着保温效果，在寒冷季节尤其重要。目前较好的保温方式是聚氨酯整体发泡工艺保温。外壳一般为彩钢板、镀铝锌板或不锈钢板。

　　保温水箱要求保温效果好，耐腐蚀，以保证水质清洁。

▶ 知 识 窗

　　海市蜃楼是一种因光折射而形成的美丽的自然现象，现在简称为蜃景，是地球上物体反射的光经过大气折射而形成的虚像。

　　在平静的海面、大江江面、湖面、雪原、沙漠或戈壁等地方，偶尔会在空中或"地下"出现忽隐忽现的高大楼台、城廓、树木等幻景，被称为海市蜃楼。如我国广东澳角、山东蓬莱、浙江普陀海面上常常会出现这种幻景，古人归因于蛤蜊之属的蜃，吐气而成楼台，故取名海市蜃楼。

　　蜃景常常在海上和沙漠中产生。海市蜃楼是光线在延直线方向密度不同的气层中，经过折射造成的结果。蜃景的种类非常多，根据它出现的位置相对于原物的方位，可以分为三种，分别是上蜃、下蜃和侧蜃；根据它与原物的对称关系，可以分为正蜃、侧蜃、顺蜃和反蜃；根据颜色可以分为彩色蜃景和非彩色蜃景等等。

　　蜃景一般有两个特点：一是在同一地点重复出现，例如美国的阿拉斯加上空经常会出现蜃景；二是出现的时间一致，例如我国蓬莱的蜃景大多出现在每年的5、6月份，俄罗斯齐姆连斯克附近蜃景往往是在春天出现，而美国阿拉斯加的蜃景一般是在 6 月 20 日以后的 20 天内出现。

　　列举近几年的海市蜃楼的奇景：

　　1988 年 6 月 16 日凌晨，登州海面一次奇特的日出；

　　2005 年 5 月 23 日，在蓬莱海域上空出现的海市蜃楼蓬似古堡、舰船景物，闪闪发光；

　　2005 年 3 月 3 日，烟台海上出现了海市蜃楼；

　　2002 年 7 月 4 日，青岛王朝大酒店对面的海上出现了海市蜃楼；

　　2004 年 6 月 2 日，青岛海面上的海市蜃楼——第三个岛；

　　2003 年 9 月 7 日，大连出现的海市蜃楼；深圳湾出现的海市蜃楼——海面上有高楼施工；

　　2005 年 3 月 10 日，广东惠来县神泉港出现海市蜃楼的奇观；

　　……

| 拓 展 思 考 |

　　1. 什么是光生物能利用呢？

　　2. 太阳能热水器保温水箱是由哪些部分组成的？

太阳能利用的工业化

Tai Yang Neng Li Yong De Gong Ye Hua

◎分类

常见的太阳能利用方式主要有太阳能—热能转换利用技术和太阳能—电能转换利用技术。其中，太阳能—热能转换利用技术是太阳能利用技术中效率最高、技术最成熟、经济效益最好的一种，主要包括太阳房、太阳热水

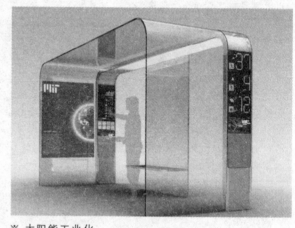

※ 太阳能工业化

器、阳光温室大棚和太阳灶等。而太阳能—电能转换利用技术主要是太阳能光伏发电技术。

简单介绍一下太阳能—热能转换利用技术的组成部件：

1. 太阳房就是一种利用太阳能采暖或降温的房子，用于夏季降温或制冷目的的叫做"太阳冷房"，用于冬季采暖目的的叫做"太阳暖房"，通称为"太阳房"。人们常见加之利用的是"太阳暖房"。

按目前国际上的惯用名称，将太阳房分为主动式和被动式两大类。

关于主动式太阳房，一次性投资大，设备利用率低，维修管理工作量大，而且需要耗费一定量的常规能源。因此，在居住建筑和中小型公共建筑中已经为被动式太阳房所代替。而被动式太阳房相对来说具有构造简单，造价低，不需要特殊维护管理，节约常规能源和减少空气污染等许多优点。被动式太阳房作为节能建筑的一种形式，集绝热、集热、蓄热为一体，成为节能建筑中最具推广价值的一种建筑形式。

2. 太阳热水器就是利用太阳辐射能将冷水加热的一种装置。生活中，人们习惯上将太阳热水系统俗称为太阳热水器。目前使用的太阳热水器，绝大部分都是采用平板集热器和真空管集热器两种结构形式。

3. 由于温室大棚是一种密闭的建筑物，由此产生"温室效应"，太阳能热水器就是将温室大棚内气温和地温不断提高，并通过对温室大棚内温度、湿度、光热、水分及气体等条件进行人工或自动调节，满足植物生长发育所必需的各种条件。阳光温室大棚通常是利用玻璃、透明塑料或其他透明材料作为盖板建成的密闭建筑物。阳光温室大棚已经成为现代农牧业的重要生产手段，同时也是农村能源综合利用技术中的重要组成部分。

在一些地区也有不少仅以塑料薄膜为覆盖材料的轻型太阳能温室，也称塑料大棚。阳光温室大棚一般在东、西、北三面堆砌具有较高热阻的墙体，上面覆盖透明塑料薄膜或平板玻璃，夜间用草帘子覆盖保温，必要时可采取辅助加热措施。

4. 太阳灶能够把太阳辐射能直接转换为热能，供人们从事炊事活动。太阳灶对缓解我国农村生活燃料短缺的状况，具有重要意义。

目前我国农村地区普遍使用的太阳灶基本可以分为热箱式太阳灶和聚光式太阳灶。由于聚光式太阳灶具有温度高、热流量大、容易制作、成本低、烹饪时间短和便于使用等特点，能满足人们丰富多样的烹饪习惯，因而得到广泛推广。

5. 户用光伏发电是利用太阳电池有效地吸收太阳光辐射能，并使之转变为电能的直接发电方式，人们通常说的太阳光发电一般就是指太阳能光伏发电。

在我国户用光伏发电系统主要是解决无电地区居民照明、听广播和看电视等的用电问题。

户用光伏发电系统可选用商品化定型产品。该产品的光电池可照明8小时，又可看电视，最大供电时间可达12小时。

6. 利用太阳能干燥设备对物料进行干燥，称为太阳能干燥。其特点是：能充分利用太阳辐射能，提高干燥温度，缩短干燥时间，防止干燥物品被污染，提高产品质量。太阳能干燥对于干燥各种农副产品和一些工业产品尤为适宜。

照明灯具应采用高效节能荧光灯，一支亮度相当于220伏、40～60瓦白炽灯泡的高效节能荧光灯，12伏电压时工作电流约为0.4安，耗电仅 4.8 瓦，是目前户用光伏发电系统理想的照明灯具。

根据目前无电地区的经济条件和承受能力，考虑到目前太阳光伏发电系统的一次性投资相对较大，所以用电器的选择应在满足日常所需的情况下，尽可能减少用电量，以便使整个系统发电和储存电能的成本降到最低。世界上每年都会开展"地球一小时"的活动，目的就是警示人类爱护资源就是爱护人类自己。

目前，国内的太阳能干燥装置大致分为四类：温室型、集热器型、集热器温室型和聚焦型。

◎应用成效

自 20 世纪七八十年代，太阳能利用技术在我国广泛开展实施以来，在各级政府的推动下，经过广大科技工作者的努力，太阳能利用取得了显著成效。

1. 太阳房主要利用的是被动式太阳房。截至 2005 年底，全国太阳房的建筑面积已经突破了 1,500 万平方米。

※ 太阳能应用的成效

太阳房技术不仅在我国"三北"地区得到广泛应用，而且在非采暖地区也受到欢迎。太阳房与普通常规建筑相比，初投资增加额最高不超过 20%，根据已建成使用的太阳房测算，初投资增加额一般为 5%～12%。而在采暖期可节省 50%～70% 的采暖用能，平均每平方米建筑面积每年可节约 20～40 千克标准煤，其社会效益和环境效益更是得到了保障。

2. 截至 2006 年底，太阳热水器的运行保有量已达 9,000 万平方米，这占世界太阳热水器面积的 60% 左右，年产能力达 2,000 万平方米。2006 年产业产值 200 多亿元，出口创汇,000 万美元，提供就业机会 60 多万个。从投入产出方面看，综合成本不及国外平均水平 50%。根据相关推测，每平方米太阳热水器每年提供相当于 130 千克标准煤的热能，用于替代电热水器，每台可节约 500 千瓦时的电量。

3. 截止到 2005 年底，太阳灶累计保有量 70 万台，年新增产量 12 万台。一台 2 平方米的太阳灶价格在 150 元左右，每台太阳灶每年所获得的炊事用能，可以代替 500～700 千克秸秆，绝大多数太阳灶可以正常使用 5 年以上，当年即可收回投资成本。更重要的是推广应用太阳灶的地区，随着炊事用能的改变，生态环境也得到了改善。

4. 阳光温室大棚是不分地域的，全国各个地区都得到了广泛的应用。阳光温室大棚已成为农业结构调整、菜篮子工程和农产增产增收的重要内容。

5. 到目前为止，全国太阳能干燥装置面积约 15,000 平方米。我国太阳能干燥技术应用范围、规模面积、干燥器和集热器类型、技术应用、基础研究与理论研究之深度和广度，在世界上都位于领先水平。

6. 到 2005 年底，我国太阳电池年产量已超过 110 兆瓦，在国家的大力支持下，通过"送电到乡"工程，解决了西北、西南地区 16 万无电户的用电问题。户用光伏发电技术既经济又环保，比延伸电网和其他发电形式有明显优势。目前，户用光伏发电已摆脱持续 10 年的徘徊局面，开始迅速发展。

◎我国技术研发现状

1. 我国已成为名副其实的太阳热水器最大生产国和利用国，自有技术占 95％以上。太阳热水器在太阳能利用技术中商品化程度最高、应用数量最多。

2. 被动式太阳房技术经过国家科技研究，已经获取了一大批具有我国特色的技术成果。太阳房已成为节能建筑中的一种重要形式，逐渐被建筑界接受，并融入节能建筑设计理念之中。我国总体技术水平仍居世界前位。

3. 自 20 世纪 80 年代初太阳能干燥应用以来，其规模、技术档次至今没有突破性进展，与其他太阳能利用技术相比显然落后了。

4. 太阳灶经过科技工作者的努力，在结构形式、材料选择、设计理论和测试方法等方面都取得了卓越的研究成果，形成了有我国特色的太阳灶设计、制造和测试模式。

5. 户用光伏发电太阳电池专用原材料的国产化取得了一定成果，但性能仍然有待提高。此外成本较高，组件成本约 30 元/瓦，平均售价

42 元/瓦，落后于国际水平。

◎国外发展情况

从能源供应安全和清洁能源利用出发，世界各国把太阳能商品化开发和利用作为重要的发展趋势。2030 年以后，欧盟、日本和美国将把能源供应安全的重点放在太阳能等可再生能源方面。

1. 太阳房建筑节能率大约为 75％左右，这已成为最有发展前途的研究领域之一，高效功能材料和专用部件都是技术开发的内容。这里的专用部件主要是指隔热材料、透光材料、贮热材料和智能窗等。

2. 塞浦路斯和以色列太阳热水器人均使用面积（1 平方米/人）居世界之首，日本和以色列太阳热水器户用比例分别为 20％和 80％。21 世纪太阳热水器仍然是太阳能利用的最佳选择之一。

3. 2030 年，太阳能光伏发电将占世界电力供应的 10％以上，2050 年达到 20％以上。

《中华人民共和国可再生能源法》的颁布实施为新能源的发展提供了政策支持。我国能源的战略调整，使得政府加大对可再生能源发展的支持力度，为我国可再生能源产业的发展带来极大的发展机遇。

◎技术要点

太阳房（主要是指被动式太阳房）

1. 温室效应是被动式太阳房最基本的工作原理。按照结构的基本类型不同，被动式太阳房可分为五类，即直接受益式、集热蓄热墙式、附加阳光间式、储热屋顶式和自然对流回路式。

（1）直接受益式：这种方式是被动式太阳房中最简单的一种，主要利用南窗直接接受太阳辐射能。太阳辐射能通过窗户直接照射到室内地面、墙壁及其他物体上，使它们表面温度不断提升，通过自然对流换热，用部分能量加热室内的空气。另一部分能量则储存在地面、墙壁等物体内部，当太阳辐射消失或室内温度下降时再向室内慢慢地释放，使室内的温度一直维持在一定水平。

（2）集热蓄热墙式：这种类型的太阳房是间接受益太阳能采暖系统。阳光首先照射到置于太阳与房屋之间的一道带透明外罩的深色储热墙上，加热墙体与盖板之间的空气，然后通过储热墙上的风口将热量导

认识我们身边的太阳能

入室内，另一部分则是通过墙体导热向室内供热。

（3）附加阳光间式：这种方式是对集热蓄热墙式太阳房系统的发展，在透明盖层与墙之间的空气夹层加一个通道，形成一个可以使用的空间——附加阳光间。这种系统的前部阳光间的工作原理和直接受益式系统相同，后部房间的采暖方式则等同于集热蓄热墙式。

（4）储热屋顶式和自然对流回路式。这两种方式在目前应用的比较少。

2. 主要技术环节及要点

（1）集热形式的合理选择：在乡村、小城镇的地方，最经济实用的是直接受益式、集热蓄热墙式和这两种的混合体。

（2）集热蓄热墙：集热蓄热墙是由蓄热性能好的砼和砖，或者是盛水容器构成。具体的做法是：将其外表涂成黑色或深色，然后在它的外侧离墙体外100毫米处加装一道密闭的透明盖层，形成一个空气夹层，在集热墙的上下端各开一个小通风口通入室内，当太阳光透过盖层照射在集热墙上时，空气夹层内的空气变热而上升，通过上下两端通风口与室内空气进行自然循环，经过反复循环，室温逐渐得到提高，进而达到采暖的目的。如果在原有的集热蓄热墙基础上，再加装翅片式、平板式或波形板式铁制吸热体，会使这种改进的集热蓄热墙效率大大提高。

（3）墙体：太阳房外墙一般采用的都是复合保温墙。采用这种复合保温墙时，通常做法是将保温材料设置于实体砖墙的外侧，这就可以使墙中储存的热量保留在房间里面。在保温层外侧再设有一层保护墙，可以是120毫米砖墙，或是瓦楞铁皮，或夹筋聚苯乙烯泡沫塑料板上直接抹水泥砂浆保护层。这种墙体需要注意两个方面的问题：一是砌筑砂浆的和易性要好，以保证灰缝中砂浆的饱满程度，防止墙体部位的冷风渗透；二是要加强传热异常部位的保温措施。

（4）窗：利用南向窗直接接受太阳辐射能的被动式太阳房，是被动式系统中最简单的一种形式。

太阳房的窗户在选型时应具备以下的条件：

①是采用正方形窗；

②是选用分档少玻璃面积大的窗；

③是在满足使用要求前提下，采用固定窗；

④是非南向窗在满足采光要求的情况下，采用面积小的窗户。

※ 太阳房的窗户

　　太阳房的窗户在构造上应做到密缝处理，比较好的办法是在缝隙处设置橡胶、毡片或软绳做成的密闭防风条，或者是在接缝外面盖压缝压条等。冬天用纸把窗缝糊严实，可减少 3/4 以上的冷气渗透，这是一种简便易行的办法。千万不要采用铝合金框架窗，以防由于冷桥造成热量损失。

　　根据我国的实际情况，在设计太阳房时，在构造允许的情况下尽量开大南窗，适当开设东、西向窗，减少或不设北窗。

　　采用双层窗的时候，一般窗效率都可达到 20% 以上，如夜间加聚苯保温板或保温窗帘，可以使其效率提高到 50% 左右。因此，在太阳房设计中保温窗板的作用是不容忽视的。

　　（5）屋顶和地面：在设计屋顶时，其热阻应不小于维护结构的外墙，有时还应使其保温性能高于外墙。

太阳房的地面也是集热蓄热的重要部件。仅有地面的保温处理是完全不够的，在外墙的内侧地面往下450～600毫米深度范围内，都要做刚性防潮、防水和隔热处理，这将防止贮存在墙和地面中的热量很快传导到外面去。

◎太阳能热水器

太阳能热水器就是合理利用太阳的辐射能将冷水加热的一种装置。

太阳能热水器按集热过程中水在热水器内的运动状态可以划分为：闷晒型和流动型两种类型。

（1）闷晒型：这种热水器实际上是把水装在密闭的容器中，在集热过程中，水没有出现明显的流动。

（2）流动型：流动型热水器的集热部分和储热部分是完全分开的，集热部分叫集热器，集热器主要起到集热的作用，而热水流入水箱中储存起来。由于流动的水带走集热体吸收的热量，从而缩小了集热体与周围环境的温差，减少了集热器的热损失。因此，流动型热水器集热效果比较好。

目前普遍使用的集热器主要有平板集热器和全玻璃真空管集热器。

◎主要技术环节及特点

（1）各部件特点

①平板集热器

（a）透明盖板：对于平板集热器，透明盖板的作用就是尽可能地让太阳光渗透过来，并阻止由于空气对流而使热量向外大面积地散发；另一方面，集热器由于吸收和积聚太阳辐射从而使集热板的温度不断升高，集热板也同时向外发射出大量的辐射热，透明盖板起到的作用是阻止这种辐射热向外辐射。

（b）吸热板：平板集热器是吸收太阳辐射能，并将太阳辐射能转换成热能部件。吸热板的材料一般都选用金属材料，其受光表面要涂黑，如普通黑板漆等。但对于高性能的平板集热器，一般都选用选择性的涂层，如铝阳板氧化和镀黑镍等。

（c）保温材料：保温材料的主要作用就是减少集热器的边框和底部

向周围环境的散热。保温材料一般都采用玻璃棉、聚苯乙烯泡沫塑料和聚氨酯等等。底部保温层厚度一般为 30～50 毫米，边框保温层厚度一般为 20～25 毫米。

（d）箱体：箱体的作用就是将透明盖板、吸热板和保温层等集热器部件组成一个整体，因此箱体应该具备一定的强度和刚度，一般都选用铝型材、镀锌板、玻璃钢和塑料等材料制作。在进行集热器与房屋一体化设计时，也可用混凝土浇筑箱体。

②全玻璃真空管集热器。

（a）全玻璃真空管集热管：这样的集热管像一个拉长的暖水瓶，由内、外两层同心圆玻璃管构成，内管外表面镀有选择性的吸收涂层，外管主要为透明的玻璃管。内、外玻璃管间抽成真空。

当太阳光透过外管照射到内管外壁的时候，镀有选择性涂层的内管外壁将太阳能转换成热能，加热玻璃管内的传热流体。全玻璃真空管的热损失系数在 0.9 瓦/（立方米·摄氏度）以下，因此它的空晒温度可达到 200 摄氏度以上，这样可以很轻松地将冷水烧开。全玻璃真空管在中、高温区域具有较高的集热效率，同时在冬季与太阳辐照度不很强的地区仍然能正常产生热水。对真空管太阳热水器来讲，最关键的部件是真空管集热器。

（b）蓄热水箱：蓄热水箱是储存热水的部件。在家用热水器和无强制循环系统中，它必须高于集热器。

（c）支架：支架就是将集热器和蓄热水箱连接成一个系统的部件。

（d）连集管：将集热器从太阳光转换所获的热能传送出去，一方面需要有传热工质，另一方面需要有专门构造的导管，这种导管被称为连集管。在家用热水器中，蓄热水箱直接代替了连集管。

（e）反射板：真空管集热器的背部都安装有反射板，以增强集热管的能量收集。减少集热管的数量是降低集热器成本的有效方法。

（2）技术的主要性能参数

①系统的选择：太阳热水器的使用都是以一家为一个系统的，若用户多，可共用一个热水箱，集中供热，这称为一个大系统。关于大系统的换热方式，除了采用户用太阳热水器的自然循环式和闷晒式外，还可以采用强迫循环式和定温放水式。自然循环系统的单体装置一般都不超过 100 平方米。

②集热器面积大小的确定：集热器的面积主要是由热水的使用数量

※ 根据太阳能设计的房屋

决定的，同时也与水的温度有直接关系。主要以平板集热器为事例，可按集热器每天产 40℃以上热水 100 千克左右的经验，来决定集热器的面积。如果要求热水系统全年运行，可直接选择真空管式集热器。

③安装角度：在安装集热器时，应与水平面保持一定夹角倾斜摆放。主要以夏季使用为主，夹角要小于当地地理纬度，如果全年使用夹角要稍大于当地地理纬度。

④全玻璃真空管集热器热性能参数：空晒温度 200℃，平均热损失系数≤0.85 瓦/（立方米·摄氏度）。

（3）聚光式太阳灶

1. 工作原理

聚光式太阳灶的工作原理均基于抛物面镜的聚光特性。

2. 主要技术环节及特点

1）灶体：灶体是太阳灶的核心部件。制作灶体的材料有很多种，常用的主要有水泥、铸铁、玻璃钢和菱镁复合材料等。灶体凹表面反射材料一般选用的是镀银、镀铝玻璃镜片或粘贴镀铝聚酯薄膜。

2）支撑调节部件和锅架：太阳灶支撑调节部件、锅架均可用钢筋、钢管和角钢等金属材料制作。太阳灶锅架支撑面的最大高度应不大于

1.25 米，也不小于 0.5 米。最大距离 0.75 米，最小距离 0.25 米。

（4）阳光温室大棚

工作原理：

阳光温室大棚的基本原理就是利用塑料薄膜的透光和阻散性能，并配套复合保温结构，将太阳辐射能转换为热能，同时保护和阻止热量和水分向外散发，从而达到增温、保温和保湿的效果。

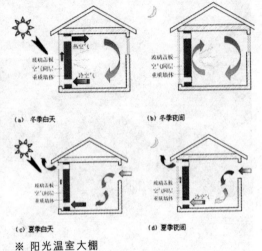

※ 阳光温室大棚

主要技术环节及特点：

（1）各部件特点

①基础：当地的土层冻结深度决定了温室的基础埋置深度。一般应埋置在冻层以下。基础宽度取一般构造即可以满足要求，毛石的基本宽度一般为 500～600 毫米。

②墙体：温室的墙体一般采用复合保温墙构造形式，保温层通常取 50～100 毫米。

③屋架：屋架是保持其外形的重要结构。除要求坚固耐用、外形美观之外，还要尽量减少对温室内植物的遮光。

（2）技术的主要性能参数

①方位与朝向：坐北朝南、东西延长，这样有利于前屋面接受太阳光照。方位角可偏东或偏西 10 度以内的角度。

②前后栋间距：应以冬至日 10 时前栋温室不对后栋温室产生遮光为准。

◎太阳能干燥

1. 基本原理

干燥过程是一个传热和传质的过程。通过传热、传质过程，物料逐步干燥。由太阳能空气集热器产生的热空气，通过对流的方式将热能传播到物料的表面，再由物料表面传至物料内部，水分从物料内部以液态或气态方式扩散，透过物料层而达到表面，最后通过物料表面的气膜扩散至热气流中。

2. 主要技术环节及特点

1) 各部件特点

①太阳能空气集热器：干燥装置的关键部件是太阳能空气集热器。这种集热器的工作温度范围比较大，不存在结冻问题。一般情况下，空气集热器也不存在腐蚀问题。干燥系统对集热器的承压、密封要求不是很严格，制造成本比较低。

②干燥室：干燥室是堆放物料的装置，不设置窗口，墙体采用复合保温墙形式。

2) 技术的主要性能参数

集热器的热效率≥45％。在晴天情况下，全天平均集热温度能达到45 摄氏度以上。

3. 适宜推广情况分析

1) 太阳房

建设部《建筑节能"九五"计划和2010 年规划》中提出：到2000

※ 合理利用太阳能

年，在村镇中推广太阳能建筑累计建成 1,000 万平方米，至 2010 年累计建成 5 000 万平方米。在人们能源观念逐渐转变的情况下，2010 年的目标实现了新的突破。根据国家发展规划的要求，今后在建筑中要强制推广太阳能与建筑集成技术，争取未来农村建筑的 10% 要建成太阳房，即达到 5 亿平方米建筑面积。

2）太阳热水器

假如 10% 的住宅安装太阳热水器，热水负荷的 75% 由太阳热水器替代，每年可节电 310 亿千瓦时，同时相当于减排 3,850 万吨二氧化碳。2010 年，热水器集热面积达 L5 亿平方米，年替代常规能源 2,500 万吨标准煤。

▶ 知 识 窗

　　1 000 万年前，骆驼生活在北美洲，骆驼的远祖越过白令海峡到达亚洲和非洲，并演化出两种类型的骆驼，即双峰驼和人类驯养的单峰驼。数千年前，单峰骆驼就已开始在阿拉伯中部或南部被驯养。在从多专家中，一些人认为单峰骆驼早在公元前 4000 年已被驯养，而其他大部分人则认为是公元前 1400 年。约于前 2000 年，单峰骆驼逐渐在撒哈拉沙漠地区居住，但是在前 900 年左右又消失于撒哈拉沙漠。它们大多是被人类捕猎的。后来埃及入侵波斯时，冈比西斯二世把已经被驯养的单峰骆驼传入波斯地区。被驯养的单峰骆驼在北非被广泛的使用。直到后来，罗马帝国仍然使用骆驼队带着战士到沙漠边缘巡逻。可是，波斯的骆驼并不适合穿越撒哈拉沙漠，波斯穿越大沙漠的长途旅行通常是靠战车来完成。

　　在第 4 世纪，更强壮和耐久力更强的双峰骆驼首度传入了非洲地区。双峰驼传入非洲之后，愈来愈多的人开始使用它们，因为这种骆驼比较适合做穿越大沙漠的长途旅行之用，且可以装运更多更重的货物。这时，跨越撒哈拉贸易的重任终于得以进行。

　　《骆驼祥子》在中国现代文学史上具有重要地位。五四以后的新文学，多以描写知识分子与农民生活见长，而很少有描写城市贫民的作品。老舍的出现，则打破了这种局面，他的一批城市以贫民生活为题材的作品，特别是长篇小说《骆驼祥子》，拓展了新文学的表现范围，为新文学的发展做出了特殊的贡献。

▌拓展思考▐

1. 什么是太阳房呢？
2. 国内的太阳能干燥装置大致哪几类？

认识我们身边的太阳能

你

所不知道的太阳

第五章

NISUOBUZHIDAODETAIYANG

　　对于人类来说，太阳无疑是宇宙中最重要的天体。万物生长靠太阳，没有太阳，地球上就不可能有姿态万千的生命现象，当然也不会孕育出作为智能生物的人类。太阳给人们以光明和温暖，它带来了日夜和季节的轮回，左右着地球冷暖的变化，为地球生命提供了各种形式的能源。也正因为此，太阳成为永恒的象征，在很多文学作品及歌曲中得到颂扬、传唱。

太阳的传说

Tai Yang De Chuan Shuo

※ 太阳的传说

对于世界上的人类来说，太阳是宇宙星空中最重要的天体。世间万物都是依靠太阳生长的，假如没有了太阳，地球上就不可能有姿态万千的生命现象，当然也不会孕育出作为智能生物的人类。太阳给人们带来了光明和温暖，带来了日夜和季节的轮回，左右着地球冷暖交替，为地球生命提供了各种形式的能源。正因为如此，太阳成为永恒的象征，在很多文学作品及歌曲中得到千古的颂扬。

在世界历史上，太阳一直是许多人顶礼膜拜的对象。中华民族的子女把自己的祖先炎帝尊为太阳神。而在古希腊的神话中，太阳神是宙斯的儿子。

◎美丽的希腊太阳神话

天神宙斯和女神勒托所生的儿子是太阳神阿波罗。神后赫拉由于妒忌和羡慕宙斯与勒托相爱，残酷地迫害勒托，致使她过着四处流浪的生活。后来总算有一个浮岛德罗斯收留了勒托，她在岛上艰难地生下了日神和月神。残忍的赫拉就派巨蟒皮托前去杀害勒托母子，但终究还是没能如她所愿。后来，勒托母子交了好运，赫拉不再与他们为敌，他们又回到众神行列之中。阿波罗为替母报仇，就用他那百发百中的神箭射死了给人类带来无限灾难的巨蟒皮托，为民除了害。在杀死巨蟒之后，阿波罗十分得意，在遇见小爱神厄洛斯时讥讽他的小箭没有威力，于是厄洛斯就用一枝燃烧着恋爱火焰的箭射中了阿波罗，而用一支能驱散爱情火花的箭射中了仙女达佛涅，要让他们永世痛苦。达佛涅为了摆脱阿波罗的追求，就让父亲把自己变成了一颗月桂树，不料阿波罗却依然对她痴情不已，这令达佛涅十分感动。从这件事发生以后，阿波罗就把月桂作为饰物，桂冠成了胜利与荣誉的象征。每当黎明到来的时候，太阳神阿波罗都会登上太阳金车，拉着缰绳，高举神鞭，巡视大地，给人类送来光明和温暖。所以，人们就把太阳看作是光明和生命的象征。

◎美丽的中国太阳神话

在中国古典诗歌作品中，太阳意象不仅多次出现，而且涉及的内容也十分丰富。关于太阳的起源，可追溯到原始的太阳崇拜，后来逐渐衍生出皇权、家庭温暖、时间短促和悲欢离合等多种含义。

※ 后羿射日

◎后羿射日

关于中国的太阳，有一段悲惨的爱情故事。相传在上古时期，夏代有穷国的国王是名叫后羿的男子。后羿不仅长得英俊潇洒，而且文武双全，天文、地理无所不知，谋略、武艺无所不精，特别令人欣赏的地方是他射得一手好箭。有穷国在后羿的英明治理下，国力蒸蒸日上，威震四方。人们过着日出而作、日落而息的生活，丰衣足食，安居乐业，整个有穷国呈现出一派丰盛祥和的景象。

虽然是一国之主，但他也会做自己喜欢的事情。当后羿每天处理完国事之后，就带着心爱的弓箭，到射箭场进行长时间的练习，就这样日复一日，年复一年，从未间断过。渐渐的，他的箭术已到了出神入化、无人能比的地步。

和平、美满的日子一天天过去，有穷国日趋繁荣。就在人们沉浸在幸福和满足的时候，突然，灾难从天而降。

那是仲夏的一天，早晨的天空和往日并没有什么两样，可等到了日出的时候，东方一下子升出来十个太阳。人们看着眼前的景象，目瞪口呆，哑口无言。大家非常清楚天上挂着十个太阳意味着什么。顿时，人们的哭喊声、祈祷声混成一片。人们用尽所有的办法祈求上天开恩，收回多出的九颗太阳，但仍然无济于事。一天又一天过去了，天空中的太阳依然还是十个，田里的庄稼渐渐枯萎，河里的水慢慢干涸，人类一个接一个地倒下……

后羿心如刀绞，虽然被眼前的一切逼疯了，可是依然无计可施。他整日愁肠欲断，焦虑万分，憔悴不已。一天，困倦不已的后羿刚合上眼，就梦见一位白胡子的老人，老人给他指点，将九个箭靶做成太阳形状，每天对准靶心，练上七七四十九天后，便可射落天上悬挂的太阳，并嘱咐他，此事不可外传，只有等到第五十天的时候才能让人知道。后羿睁开眼，不禁惊喜万分，立刻动手做箭靶，等箭靶做好之后，便带上箭躲到深山里，没日没夜地练起来。到了第五十天，国王要射日的消息传出后，在死亡线上挣扎的人们顿时振奋起来，仿佛看到了希望。人们唯恐后羿的箭射不落太阳，整个国家的人都顶着火一般的烈日，用最短的时间，搭起一座数米高的楼台，并抬来战鼓，为后羿助威呐喊。后羿在震耳欲聋的鼓声里，一步步登上了楼台，在他身后，是无数双渴求和期盼的眼睛；在他周围，是痛苦呻吟的土地；在他头顶，是炽热、张狂的太阳。他在心里默默告诉自己只能成功，不许失败。尽管他知道这是一条不归路，但为了救出受苦受难的群众，他无怨无悔。

后羿终于到达了楼顶，他回头最后一次看了看他的臣民和他的王宫，然后抬起头，举起手中的箭，缓缓拉开弓。只听见"嗖"的一声巨响，被击中的太阳应声坠下，随即不知去向。台下一片欢呼声，人们的呐喊声和战鼓的雷动声穿透云霄。后羿一鼓作气，连连拉弓，又射落了七颗，还剩最后两颗了，此时，后羿已经是筋疲力尽，可他知道，天上只能留下一颗太阳，如果此时放弃的话，就意味着前功尽弃。他再一次提提神举起箭，用尽全身力气，将第九颗太阳击落后，便一头栽倒在地上，再也没起来。有穷国的一切恢复了原样，而勇敢、可敬的后羿却永远闭上了眼睛……

认识我们身边的太阳能

被射中的九颗太阳，坠落到了九个不同的地方。其中有一颗太阳，掉落到了黄海边上，并砸出了一个湖，后人称这个湖为射阳湖。不久，从射阳湖里流出一条河，人们把这条河称作为射阳河。

※《山海经》中的太阳神

◎《山海经》中关于太阳的神话传说

　　在遥远的东南海外，有一个叫羲和国的王国，国中有一个异常美丽的女子叫羲和，她有一个习惯就是每天在甘渊中洗太阳。经过夜晚之后，太阳就会被污染，经过羲和的洗涤，那被污染了的太阳，在第二天升起的时候仍会皎洁如初。关于羲和，实际上就是传说中的上古帝王帝俊的妻子，她一共生了十个太阳，并且让这十个太阳轮流在空中执勤，把光明和温暖送到人间。这十个太阳的出发地是十分荒凉偏僻的地方，那个地方有座山，山上有棵扶桑树，树高三百里，但它的叶子却像芥子一般大小。树下有个深谷叫汤谷，这个汤谷是太阳洗浴的地方。它们洗浴完之后，就藏在树枝上擦摩身子。每天由最上边的那一个骑着鸟儿巡游天空，其他的便依次上登，准备出发……

◎北欧太阳神话

北欧的太阳是丰饶、兴旺、爱情、和平之神，是美丽的仙国阿尔弗海姆的国王。他常骑一只长着金黄色鬃毛的野猪出外巡视。据说他与巴尔德尔同为光明之神，或称太阳神。他属下的小精灵在全世界施言行善。人人都享受着他恩赐的和平与幸福。他有一把宝剑，光芒四射，能腾云驾雾。他还有一只袖珍魔船，必要时可运载所有的神和他们的武器。

◎占星学中的太阳

太阳属于阳性的星系，代表着人类的视觉。太阳的本质是闪光的、贵重的和有价值的，其性质是阳性的、热的和干燥的，是权势驱力和人格的表现。在人物方面，太阳则代表阳性人物，如：父亲、丈夫、男性等等。

太阳的图腾是外为一个圆圈，而中心有一个圆点。太阳的象征符号，圆圈表示的是英雄海克利斯的盾，中央的点表示的是盾的中心浮雕或凸起的装饰。属于太阳的字诀是"内在的自我"。太阳的影响主要是：表现自我的主要方式，也表示领导力与成功，影响着个人的生活原则、启发意愿、充实信心和统治意志等。

太阳是强韧而有活力的，它支配着人类的健康和生命原则，并具有掌管权势、上司、阶级、职位、高级职务、进步、尊荣、精力、认同感、吸收经验的能力。太阳在星盘中的宫位，表示该盘的灵魂和主宰，希望能够显赫的领域。

太阳对人类的身体也有感应的部位，例如心脏、背部上方、脾脏、循环系统、精液、男性的右眼与女性的左眼。太阳所代表的疾病主要有：心脏及动脉、背部区域脊柱、中暑、眼睛失调、昏厥、发烧、胆汁的扰乱和脾脏，等等。

太阳正面表现的是：个人的魅力、正面的心灵发展、爱好和平、聪明的、母性的、喜欢旅行，等等。

太阳负面表现的是：幻想的、轻浮的、通灵的、善变的、因循的、无趣的、懒惰的、投机的、沉溺于坏习惯、自我中心的、自我放纵的、任性的、骄傲的、自我吹嘘的、专横的、独裁的、霸道的、恐吓的、喜欢阿谀、夸张的、赌博，等等。

我们用大海的胸怀，容纳无边的智慧。

认识我们身边的太阳能

▶知识窗

　　夏威夷群岛上的雨水非常充沛，群岛中的许多丘陵和山地长满了森林和草地，其自然景色非常的优美。夏威夷群岛还有自己的岛花——红色的芙蓉花，一年四季各岛上都能看到盛开的鲜花。由于夏威夷群岛上各种植物非常繁茂，因此这里的昆虫也是最多的，仅蝴蝶就上千种，而且有些品种是这个群岛上特有的。有一种蝴蝶叫"绿色人面兽身蝶"，它是一种世界上少见的大蝴蝶，其翅膀展开时长达10厘米。因此总是吸引大量的昆虫爱好者和研究人员前往。

　　许多出国旅游的朋友，首先想到的是夏威夷，这是为什么呢？因为那里的风景非常漂亮。夏威夷究竟是个什么样的地方呢？夏威夷群岛上有广阔的海滨沙滩和深蓝色的海洋，是供人们游泳、冲浪和开展各种水上活动的好地方，瓦基基海滩是世界上最著名的海滩。在海边的林阴道旁，生长着许多椰子树，这更显示出热带海岛风情。另外，还有夏威夷国家火山公园。这个火山公园自冒纳罗亚山顶的火山口，一直延伸到海边。在这里公园里，人们可以看到世界其他地方难以见到的景观，比如由火山喷发时形成的硫磺而堆积起来的平原、熔岩隧道等。还可看到从裂开的地面中喷发含硫的热水蒸汽。总之，夏威夷是个非常值得旅游的地方，它的美丽大概只有亲身经历过才会明白吧。

　　我们知道，在夏威夷群岛也是分布着著名的火山群岛。我们以冒纳罗亚岛为例，它是著名的活火山，在这里的几老喷火口上，可见到沸腾的熔岩岩浆在翻滚；有时可见到断落的岩层掉进熔浆里，溅起的火炬有几十米高。在火山喷发口活动强烈时，会从火山口溢出熔融状态的岩浆，岩浆沿着山坡向下流，一直流淌到远在几十千米的太平洋里，并发出咆哮的声响，有时可延续几个月。只要熔岩流过的地方，所有的房屋树木，全部会被熔岩所吞噬。待岩浆冷却后，就会形成山坡上坚硬的熔岩覆盖层，然后此处就会寸草不生。

　　无论在世界哪个地方，所到一处都有自己独特的特色，夏威夷群岛也不例外。在夏威夷最令人熟悉的应该是那里的草裙舞。关于夏威夷的草裙舞，曾经还有一个美丽的传说。在传说中，第一个跳草裙舞的是舞神拉卡。她以跳起草裙舞来招待她的火神姐姐佩莱。佩莱非常喜欢这个舞蹈，就用火焰点亮了整个天空。自此，草裙舞就成为向神表达敬意的宗教舞蹈。现在，它已经变成用尤克里里琴伴奏的娱乐性舞蹈，观赏草裙舞成了游客游览夏威夷的压轴节目。草裙舞是一种全身运动的舞蹈，尤其是手部动作表现得含蓄而含义深刻，通过不同的手势表现出人们对各种美好事物的期冀，如祈求丰收、渴望和平等等。在这里，无论男女都要跳草裙。

|拓展思考|

　1. 在古希腊神话中太阳神叫什么名字？

　2. 后羿射掉了几个太阳？

东方太阳城

Dong Fang Tai Yang Cheng

从历史文化和远古太阳崇拜来讲，山东省日照市是"东方太阳城"、"中国太阳城"。

◎日照地区

日照地区主要包括莒县、五莲、东港和岚山等区县。该区域在夏以前为嬴姓少昊、伯益之国，夏代为九夷之一，商代称人方，属青州姑幕国。清雍正《莒县志》记：莒地"唐虞以前无考，商（属）姑幕国。此侯国也，殷爵列三等，而姑幕实侯此土，仅见之汉史中"。在西周时属青州。《周礼》曰："正东曰青州，其山镇曰沂山，其泽薮曰望诸，其川淮、泗，其浸沂、沭……"。在秦时属琅琊，汉代为海曲，取其海隅之意。在

※ 美丽的东方太阳城

宋时设日照镇，明嘉靖《青州府志》载："以濒海日出处故名"。清康熙十一年（公元1673年）《日照县志》载："日出初光先照"。随后，元、明、清皆因之。日照地区有着丰厚的太阳崇拜历史、习俗和传统文化。

《山海经》中记载到：远古时期羲和就在山东东部叫汤谷的沿海地区祭祀太阳神。

莒县凌阳河出土的"日火山"和"日火"陶文以及陶器上出现的大量太阳纹，都充分证明日照地区东夷先民的太阳崇拜传统。《后汉书·方术列传·赵彦》记载："莒有五阳之地：城阳，南武阳，开阳，阳都，安阳。"这些地名都是古莒国太阳崇拜的直接证据。

莒县博物馆苏兆庆先生在《夷人崇日与秦始皇东巡琅琊》一文中说：特别是东夷民族对太阳神的崇拜更有其悠久历史传承，不少有关太阳来历的神话故事在民间广为流传，主要崇拜太阳的少昊羲和族，居住在汤谷一带，是太阳神赐福下民的圣地。用史迹和考古资料对这些古代神话进行印证得出，汤谷可能就在东海之滨的琅琊一带。"这里的先民早在5,000年前，就已掌握了用日出方向判断四时，并将这种原始历法用于发展农业和航海事业"，"祭日活动，解放之初，莒地依然流行"。

日照地区有一个民俗节日叫做太阳节。每年的农历六月十九，农民都会把新收获的麦子做成太阳形状的饼，用来供奉太阳，感谢太阳给了大地阳光，让农民获得了丰收，给了人类希望。据说后来这饼越做越大，厚的就叫做锅饼，薄的就叫做煎饼，这就是山东大煎饼的来历。1992年，日照人自己作词谱曲，由著名歌唱家范淋淋演唱的《这是太阳升起的地方》获得全国新歌比赛大奖，被中央电视台选定为每周一歌。

◎天台山

天台山离国家级历史文物保护单位尧王城遗址约3千米。日照市东港区涛雒镇南2千米处的天台山上有众多远古太阳崇拜的遗迹和传说。尧王城遗址出土的墓葬的头像都朝着天台山的方向。根据相关考证得出，天台山中有汤谷，这里是东夷人祖先羲和祭祀太阳神的圣地，是东方太阳崇拜和太阳文化的发源地，也是东夷人祭祀先祖的圣地。

认识我们身边的太阳能

天台山因《山海经》中的记载而得名，《山海经》记载：大荒之中有山曰天台（高）山，海水入焉。东南海之外，泔水之间，有羲和之国，有女子曰羲和，帝俊之妻，生十日，方浴日于甘渊。

天台山主峰的海拔高达 258 米，面临大海，是观东海日出的最佳位置。天台山上有羲和部落遗址、太阳神石、太阳神陵

※ 天台山

遗址、女巫墓、祭祀羲和与女娲的老母庙和老母洞、老祖像、大羿陵和嫦娥墓、女娲补天台与神鳖、天然东方神龙、魁星阁遗址与独占鳌头石刻、忘忧谷、秦始皇赐名的望仙涧、东方朔记载的东方玉鸡等众多遗迹与传说。风景区环绕在群山之中，山峦起伏，郁郁葱葱，山下河流交错，稻田纵横。天台山历来有天台八景之说，著名的八景分别是：东海日出、太阳神石、独占鳌头、东方神龙、女娲补天、老祖象、太公避纣处和秦皇望仙台。

天台山上除了留有大量远古遗痕之外，山下周边村庄还保留了众多的太阳崇拜习俗与传说。山下下元一村村民秦鸿才先生在《家乡那棵古老的银杏树》一文中记载到：

我的老家就在日照市涛雒镇的凤凰山下。小时候经常跟爷爷到凤凰山上去玩，那棵状如华盖、古老的、又高又大的银杏树是我的最爱。在那棵树下，有我童年时和小伙伴捉迷藏时留下的一串串脚印，也有我少年时代独自徘徊树下时留下的对未来的憧憬和粉色的梦想。那时我一直想知道那么古老的一棵树到底是谁种下的，但村里没有几个人能说得上来。我爷爷说那是姜太公到东海之滨来避纣时种下的，算起它的年龄，比莒县浮来山的银杏树还要古老呢。我当时对"姜太公"，对"避纣"一无所知，但爷爷是我心目中的英雄，无所不知，无所不晓，他说的话我全信。后来听朋友说银杏树在"文革"中被砍掉了，我就像失去了爷爷一样难过。我那金色的童年再也难以找回了，呜呼哀哉！我那如爷爷

般古老的银杏树呀，魂兮归来！

记得凤凰山之西侧的山叫财山，我的名字鸿才就是因财山而取。我爷爷是风水先生，说财山风水极好，东向大海，背靠磴山，山上有老祖和太阳石，左有太阳神陵，右有鸡呴呴喽山，紫气东来，山清水秀，是他在日照一带能看到的最好的风水宝地，将来必定有大贵人出现。再说，山中的望仙涧还是先祖秦始皇所赐呢。爷爷说，财字太土，就叫鸿才吧。我觉得这说法在自己身上倒没啥灵验，不过山下涛雒镇历来为繁华商埠及镇上出了个诺贝尔奖获得者丁肇中倒是事实。

爷爷所说的老祖是财山西南面山谷中的一个石人头像，又高又大，我小时经常爬到石人头像上看风景，有时还学着孙悟空在上面撒尿，海风吹来，十分惬意。最初我不知是石人像，只觉得是一块又高又大的石头，很好玩。但爷爷说那是石祖像，是比秦始皇还要早的远古老祖宗留下的，因为石像下面画着一个圆形太阳，所以一定是太阳神或者是太阳女神的男人了。可能是年代久远或风雨侵蚀的缘故吧，石像的面部大部分地方已经脱落，只有仔细观察并加一点想象才能觉出是个人的头像，因此爷爷的这一说法村里没有几个人信，但是我信。后来再也不敢到石祖像头上去玩了。

关于太阳神陵是啥样，我没印象，我爷爷说太阳神陵实际上是一堆

※ 石人头像

乱石，但因其周边有岩石放出环状和放射状的光芒，所以他将其称为太阳神陵。这是我爷爷的发明，村里人将其叫做乱石岗。现在我才知道古人的坟墓就是在死者身上堆放石块，以防野兽，这大概就是墓葬的前身吧。

尽管多年没回家乡了，那太阳石和鸡响响喽山倒是经常出现在我的脑海里，睡梦中。太阳石实际上就是一块圆形巨石，孤零零地立在山顶上，对少年时的我的确非常具有吸引力，但不知谁有那么大的力气将它搬到山顶呢。当时我觉得那一定是神仙所为了，因此经常到太阳石下睡觉，以求梦中能遇到神仙，传授我一两件宝贝或法术。后来屡试不灵，非常丧气，自觉一定是不为神仙所看中，后来也就失去了信心。我问爷爷太阳石是哪位神仙创造的，爷爷说可能是盘古开天辟地时所造，可能是女娲补天石时剩下的巨石，也可能是大羿从天上射下来的一个太阳变成的。

站在财山顶上向北望去，鸡响响喽山活像一只引颈长啼的雄鸡，威武雄壮，难怪人们将它叫做鸡响响喽山呢。爷爷说，远古的时候天上有十个太阳，将大地晒得都干裂了，寸草不长，颗粒无收。人们便在山顶祈求天神。天神派他的儿子，一个善用弓箭的勇士叫大羿，到下界来射掉了九个太阳，最后一个太阳吓得躲在东海海底再也不敢出来。人们没有了光明和温暖，也就无法生活，便再来求天神。这次天神派的是一只能通太阳语的玉鸡。玉鸡告诉太阳，天神已赦免它的一切过错，让它出来为人类服务。但太阳害怕大羿的神箭，说只有玉鸡给它作保，它才敢出来。这样，玉鸡就在鸡响响喽山顶安家，每天早上都将太阳从东海中唤出来。这个故事在我幼小的心灵中留下极为深刻的印象，以后我经常缠着爷爷重复这一美丽的故事。

从前有一个老母庙上用木刀杀人的故事。故事具体讲的是老母庙年年都有庙会，但有一年的庙会上一个戏子用木刀将另一人杀死了，从此之后老母庙就败落了。但是后来爷爷又说，事情的经过是实际上这样的：老母庙的前身是一老母洞。老母洞的位置是坐西朝东，洞口狭窄但洞内深邃高大，里面供奉的是老母娘娘。我爷爷的爷爷曾发现一个奇怪的现象，就是每当春分、秋分的时候，太阳就能照到老母娘娘的石像上，这难道是神意？现在我知道西方国家好像也有这样的现象。老母娘娘有求必应，非常的灵验，因而历朝历代这座神庙香火不断。晚清年间的时候，老母洞不知因何故塌陷，石祖像就这样丢失了。后来人们就在

※ 老母庙

老母洞的旁边修建了一座老母庙，仍然是有求必应，香火不断，直到木刀杀人的故事发生才衰败下来。

在太阳石的南边、老祖像的东边有一座高峰，山名记不清了。我只是模糊地记得站在山顶可以看到东边的大海、凤凰山上的银杏树以及四周的景色。我最最喜欢看的就是当太阳从东海中露出美丽的笑脸，霞光爬上银杏枝头的时候，那种碧波万里，霞光千条，呈现出一片壮观的景色。阴雨天的时候，海上来的水汽在山间缭绕，风起云涌，乱云飞渡，松涛阵阵，细雨靡靡，好像一幅仙山琼阁图。当时我认为这一定是世界上最美的仙境了。统一中国的秦始皇称这里为望仙涧，如果神仙不在这里，又能去哪里呢？

记忆的长河一旦打开就很难收住。我非常怀念我的爷爷，我的爷爷是个落魄的、不得志的秀才，他在村里威望很高，善于看风水，而且知识渊博，村里人遇到什么难处总是喜欢找他求教。爷爷经常说他要写一本关于"财山"的故事书，但由于他历经战乱，流离失所，经过历史的更迭，所以最终还是没有写成。现如今，我也到了爷爷的年纪，很想回老家看看，去看看那生我养我的多少年来魂牵梦绕的故乡。高大魁梧的银杏树已亡，太阳石、鸡响响喽山和石祖像应该还存在吧。老母庙已去，庙址应该还存在吧。爷爷已经去世60周年，简单聊写几行，也算是对爷爷、对家乡那棵古老银杏树的纪念吧。

◎ 旅游业

经过研究得出，国内外考古专家、旅游专家和各级政府充分肯定了山东省日照市作为中国太阳城的地位。

《山东省海洋经济十一五发展规划》中强调要"重点抓好青岛海洋极地世界、中国海军博物馆扩建改造工程、崂山旅游度假区、蓬莱水城、烟台海滨、威海荣成天鹅湖度假区、日照太阳城主题度假区等区域的开发建设，实现旅游产业由低层次向高层次、由单一观光产品向多元产品的转化，提升旅游产业水平。搞好青岛、烟台、威海、日照游船专用码头建设，开辟海滨各城市之间的观光旅游线。策划组织好青岛啤酒节、烟台葡萄酒文化节、荣成渔民节、日照太阳节等有影响的节事活动。"

《山东省 1996～2010 年人文自然遗产保护与开发规划纲要》将日照列为"东夷文化区"。纲要中指出"该区包括临沂日照等市，是东夷文化区的中心地域，齐鲁楚文化的交汇地。保护开发要突出远古文化和山水港湾风光特色"。具体包括"保护开发东夷文化遗址；在东海峪设立考古实验区；扩建莒县博物馆，反映莒文化和鲁东南文化"等措施。

2000 年，北京旅游学院著名旅游规划专家杨乃济教授说："国际通行的海滨旅游地的三大卖点是"沙滩"，（Sandy－beach）、"阳光"（Sun）、"海水（Sea）"。由于这三个英语词汇起首的字母都是"S"，所以合称之为"3S"。许多知名的海滨旅游地赢得美誉，几乎都得益于"3S"中某一两方面的优势；如广西北海以其十里银滩号称"天下第一滩"；海南三亚亚龙湾则以其沙质优良海水清澈扬名于世。尽管我国拥有 1.8 万千米海岸线、5 000 多个沿海岛屿，但在三个"S"上拔尽头筹的，日照市是绝无仅有的一个"。

要使旅游业成为日照市新的经济增长点和未来的支柱产业，日照市旅游应定位于：拥有太阳品牌的、独具特色的海滨度假旅游。实现这一发展目标的手段是：（1）以创建"太阳城"主题公园和举办一年一度的盛大的国际"太阳节"旅游节庆活动来树立品牌、赢得专利。（2）以欧洲"四海"世界闻名海滨旅游的胜地为蓝本的全新创意，创造四海集萃的海滨景观，确立日照海滨旅游高品位的创新特色。著名的四海是地中海、黑海、爱琴海。

日照职业技术学院吉良新和仪孝法教授认为："这一命名的由来使日照

拥有了'中国太阳城'的专利。尽管日照市的全年光照时数未居全国之首，但拥有"日照"之名，就使她成了普天之下阳光最为灿烂的海滨！"

2003 年，有关人士表示："世界上太阳文化积淀深厚，太阳崇拜普遍。日照有太

※ 美丽的日照

阳文化背景，太阳文化旅游是个独特的产品，所以同意建太阳城，办太阳节。可先办太阳节，太阳节搞起来后，就逼着建太阳城，市场需要了，太阳城的投资者就会脱颖而现"。

◎西昌

由于西昌的冬半年受极地大陆气团影响，高空为南支西风气流所控制，西风气流本身水气含量少，加之西风气流越过西部横断山以后的下沉增温作用，造成西昌冬半年空气干洁、云雨稀少、晴天多、日照时数多。因而西昌有"冬无严寒春温高"的气候特点。

同时，西昌又是一座气候极佳的旅游城市，严冬的时候，西昌地区艳阳高照，风和日丽，山清水秀，温暖如春。很多外地游客纷纷选择西昌作为自己寒假旅游的目的地，甚至"去西昌烤太阳"也成为了朋友们的常用语。

在西昌地区，一年 365 天，不下雨的日子多达 250 余天，全年日照数多达 2 400 小时，比同纬度以东任何地方都多，称它为"太阳城"，是名副其实的。西昌地处川西南、川滇结合部，位于东经 101°46′～102°25′、北纬 27°32′～28°10′之间，西昌境内层峦叠嶂，沟谷纵横，地势由北向南倾斜着。由于海拔高，纬度低，日照时数多，紫外线强，风速大，水汽蒸发大，湿度小，雾日极少，又由于受季风气候影响，干雨季分明，气温年较差小，日较差大，年平均气温变幅仅为 13 度，是我国全年气温变化最小的地区之一。

澳大利亚昆士兰州东南海滨是个适合人类休养的地方，位于布里斯班以南，东南海滨，因绵延长达 32 千米的金色海滩而得名。此处是太平洋暖流冲击地带，气候温暖，终日日照，冬夏宜人。1770 年，英国著名的航海家库克经过这里时，看到水浅礁危，分别给山和岸岬取名为警告山和危险岬，并填入航海图。危险岬已为新南威尔士州和昆士兰州的边界标记，岬上有库克纪念碑和灯塔。19 世纪40 年代，欧洲人在此造屋建舍，开荒垦殖，当年土著聚居之地瑟弗斯佩勒代斯已建有许多旅馆和别墅，形成了旅游中心。

黄金海岸是南半球主题公园的首府，拥有数不胜数的绝美景点。黄金海岸吸引着很多游客，不管是全家人一同来此，或者单身汉还是蜜月中的甜蜜情侣，这里都是最佳的选择。黄金海岸的怀抱向所有人打开，让每一位游客都可以在这里享受到无与伦比的城市热情和阳光。

游客在黄金海岸可以享受任何事物带来的愉快和惬意，不管是观光还是体验水上的奇迹，或者是在大自然的环境中与野生动物做零距离的接触。这些黄金海岸独有的吸引处都是让游客激动不已的内容。到了晚上，黄金海岸尽情地释放它用之不尽的热情。游客们可以享受音乐酒吧、劲舞和各种各样的表演。夜市上热闹繁华，灯火辉煌，也刺激着游客的感官，不管您是来自世界上的哪个地方，在黄金海岸，人与人之间不再有任何隔阂，不存在国与国之间的差别，大家都可以成为狂欢的好友，举杯欢庆，畅谈人生，就让游客们一起在这里度过一个难忘的疯狂之夜吧。

| 拓展思考 |

1. 山东省日照市被称为什么？

2. 太阳节是每一年的哪一天呢？

南非太阳城

Nan Fei Tai Yang Cheng

南非太阳城是南非著名的旅游胜地，享有"世外桃源"的美誉，这也是世界小姐选美的胜地。太阳城并不是一座美丽的城市，而是一个青山绿水的超豪华度假村。这里十分美丽，有创意独特的人造海滩浴场、惟妙惟肖的人造地震桥、优美的高尔夫球场和人工湖，太阳城的美丽景色和魅力使前来观光的人群流连忘返。

※ 南非太阳城

◎太阳城美丽的特色

太阳城度假村是以先驱探险者大卫·李文斯顿而命名的，赞比亚是一片充满震撼美的大地，并拥有世界第七大自然奇迹——维多利亚瀑布。这个美丽的度假村位于雄壮的赞比西河岸，窗外就是直泻而下的维多利亚瀑布。从建筑风格方面来讲，整个度假村中的建筑设计理念都来自于非洲的律动。皇家李文斯顿酒店沿着赞比西河两岸倚河而重新修建，包括17座殖民地风格的大楼，内有深深的走廊掩映于原生的树木之间。酒店主要由一系列茅草屋顶的大楼构成，大部分都采用非洲风格，里面设计的还有休息室、饭店和酒吧等。

失落的城市是太阳城中最重要的景点。在南非国家中，太阳城就是娱乐、美食、赌博、舒适、浪漫加上惊奇的同义词，很少有人能摆脱它的魅力。传说在南非古老的丛林世界中，曾经有一个极其类似于古罗马的文明度极高的城市，后来由于地震和火山爆发而消失的无影无踪。失落的城市就是重现了这个传说中的城市。这个失落的城市位于波之谷的丛林中，因此太阳城为了要重现波之谷丛林，一共移植了120万株各种树木和植物，建造出了一座规模庞大的人工雨林和沼泽区，里面有清澈的小溪和河流、茂密的雨林和植物，称得上是世界最大的人造雨林公园。

◎著名的景点

皇宫大酒店

皇宫大酒店是太阳城的第四座酒店，同样也是最高级豪华、房价最昂贵的酒店。说它是酒店，倒不如说它是个非洲的城堡，整个酒店外观的建筑设计与雕刻，弥漫着非洲粗犷与迷幻风格，其中有很多地方都是用野生动物作为题材的，例如客房内家具上的浮雕，都是以各种动物造型显示非洲的独特风情人种，小至文具铅笔等小物，大到房屋的建筑设置，没有一样是不尽非洲风格的。

时光之桥

关于"时光之桥"，这是一座约100米长的人行桥，这座美丽的桥梁每隔1小时就会发出"轰隆轰隆"的巨响，给人一种山崩地裂、地震火山爆发的恐怖感觉。科斯纳设计这座桥的目的，就是想告诉人类：当年美丽的失落之城就是被大地震、火山的岩浆淹没掉的。

太阳城赌城

进入赌城之后，游客们都会对它内部摆放赌博机的数量之多而感到吃惊。可以明确表示，这里是自动赌博机数量排名世界第二的太阳城。即便是只有三张赌博台的前面，也是人满为患。如果厌烦了赌博机，那么这里还有纸牌、轮盘和巴克拉等其他娱乐项目。进入赌城"失去的城市"之前需要养足了精神，因为 24 小时营业的博彩业不是那么容易就让人睡觉的。

※　太阳城赌城

娱乐休闲

太阳城作为以享乐为最高宗旨的度假胜地，其中的娱乐项目是花样繁多的。

这个赌场位于太阳城酒店，建筑规模不大，但各种玩法样样俱全，从小试运气的老虎机到一掷千金的纸牌都有。虽然太阳城建造的本意是想成为像拉斯维加斯一样的赌城，但现在赌场已经不是游客来到这里的最主要原因，而是美丽的旅游胜地。

高尔夫球场

太阳城有个著名的高尔夫球场。整个球场是由南非籍的著名设计师设计的，这个球场充分利用了丘陵地形，与周围环境相得益彰。在这里每年都会举办百万美元高尔夫挑战赛等一系列顶级赛事。

娱乐中心：主要有健身房、Spa 馆和赌场等设施。

户外运动：太阳城临近匹林斯堡国家公园，人们可以乘敞篷车来观察周围的野生动物。此外还有象园、马场、动物农庄、水上世界和户外冒险中心等多种多样的运动项目，前来度假的人们可以把生活安排得丰富多彩。

住宿介绍

整个太阳城上一共有四座酒店，从入口开始由外而内依次是：三星级的卡巴纳斯酒店、四星级的太阳城酒店、五星级的瀑布酒店和超五星级的皇宫酒店。

瀑布酒店：这座酒店因设计别致的瀑布泳池而得名。酒店的四周由花园环绕着，环境优雅宜人。这座酒店紧靠着娱乐中心，方便人们随时享用各种休闲娱乐设施。

卡巴纳斯酒店：虽然这是一座三星级的酒店，但整个房间的设施非常现代，服务也和其他几座酒

※ 美丽的太阳城一角

店同样周到，只是价格相对来说要低廉一些。卡巴纳斯酒店靠近儿童运动场和水上运动中心，房间大部分为家庭客房，非常适合家庭度假。

太阳城酒店：这是太阳城的第一座酒店，俯瞰整个高尔夫球场的四周，视野开阔，令人有一种心旷神怡的感觉。设在大堂的赌场是吸引很多人来到太阳城的原因。酒店中也有太阳城唯一的中餐厅：兰花餐厅。

皇宫酒店：也称失落城皇宫酒店，是太阳城最昂贵和最豪华的酒店，也是非洲最著名的豪华酒店之一。这个酒店外观如同城堡，塔楼、拱顶、墙壁、廊柱等造型和装饰都布满非洲文化符号，内部设施更是处处体现草原和动物的主题。

交通

太阳城距约翰内斯堡大约需要 2 小时的车程，从约翰内斯堡到太阳城几乎没有公共交通，最好的方式就是自驾车。从约翰内斯堡出发，沿国道 1 号线向北沿行到比勒托利亚，再上国道 4 号线，经过吕斯腾堡，最终到达太阳城。

餐饮

太阳城中一共有数十家餐厅，除在酒店和娱乐中心附设餐厅外，在高尔夫球场、湖边和动物农庄中也能找得到。太阳城主要以精致而正宗的西餐为主，当然也有非洲烧烤和东方美食等多种选择。每家餐厅的装饰都独具自己独特的风格，特别注意内外环境的交融，让客人即使在室

认识我们身边的太阳能

内也能享受到在大自然中野餐的感觉。

太阳城酒店的兰花餐厅是太阳城中唯一的一间中餐厅，菜肴口味还算地道，价格也非常实惠。娱乐中心和太阳城酒店的赌场都有快餐，如汉堡、热狗和可乐等，是最省钱的选择。各个游泳池的旁边、花园中一般都有吧台，点上一杯清凉饮料，坐在长椅上享受一个下午的明媚阳光，也是非常舒适的。

最佳旅游时间

由于太阳城气候相对比较温和，一年四季都是晴空万里，降雨量不是很大，因此随时都适合旅游，几乎没有淡旺季之分。

※ 俯瞰太阳城

太阳城的冬季是旱季，几乎没有降雨，昼夜温差比较大，人们最好随身带一件薄外套。无论何时前往太阳城，防晒霜都是必不可少的。此外，由于空气干燥，所以游客要注意随时补充水分。

知识窗

从高空俯瞰马尔代夫，各个岛屿星罗棋布，真如一块块碧绿的翡翠散落在蔚蓝的海洋上。有的岛小得只有一个小凉棚，令人觉得，小王子可能随时出没。很多岛屿都有特殊的机能，如首都岛、机场岛、度假岛等。全国约有30万人口，他们都生活在其中的200多个岛屿上，其他都是无人荒岛。

度假胜地主要分布在南、北马累环礁。大约80多个岛屿让度假村"称霸"一方，也即是说，许多国际著名度假酒店，以租赁方式占用一岛，借大自然的阳光、海水、沙滩、椰林、热带鱼，营造深具特色的休闲气氛。

马尔代夫是全球三大潜水圣地之一，到这里若不潜水实在遗憾。想潜水，游客首先需要了解PADI这个词，它是英文Professional Association of Diving Instructors的简写，中文意思是专业潜水教练协会，游客在马尔代夫潜水都要出具PADI的潜水执照。马尔代夫多数酒店的潜水中心都可以提供PADI执照的培训和考试，教练几乎都是从德国与瑞士来的DIVEMASTER。一般来讲，游客通过3天的课程培训就可以考取PADI的潜水执照（这种执照只允许18米之内的深度，如果多加2天的培训便可以取得30米深的潜水执照）。

游客通常要坐多尼船入海进行船潜，在马尔代夫各个岛上潜水费用应是大同小异，因此，度假岛屿饭店的星级，以及周围潜水点的分布，是选择岛屿的关键。如果不能深潜，就享受一下浮潜吧，租上一副潜水镜、救生衣和脚蹼，也可以跃入清澈的海中与鱼儿共舞。即便真的没法潜水，游客也可以涉足看鱼。一般的珊瑚礁岛屿，距离岸边20米以内的海水都不深，有的地方30米外便有如悬崖般的落差，但这里也是鱼儿最多的地方。在早晨阳光的照射下，海底世界美得如梦如幻。运气好的话，游客还能见到小鲨鱼和魔鬼鱼呢！脚毛长的男士必须注意，因为小鱼们会把它们误当作小虫，给你拔毛。

马尔代夫还是钓友的乐土，因为当地政府规定海岸边两千米内不得捕鱼，渔夫也只能用钩钓鱼，禁用渔网。马尔代夫盛产大石斑，连生手也随钓随上，让人感到不可思议！适合钓鱼的时段有清晨、黄昏以及夜间，其中黄昏海钓别有一番乐趣，由度假岛搭乘多尼船驶向珊瑚礁，定锚后抛线而下，不一会儿就会有鱼儿上钩。

马尔代夫上一岛一景，风光美丽无限。搭乘多尼船巡游岛屿是一大乐趣，有的颇具现代化，有的却依旧是原始风味……，一般一个岛徒步半小时即可逛完。拜访当地土著村落是游客不愿错过的项目，他们穿梭在一幢幢灰白相间的石屋分隔的巷弄间，与悠闲自得的岛民打个招呼，再搭乘多尼船到无人小岛浮潜，在白色的沙滩上享受各色海鲜烧烤，当真是其乐无穷。

拓展思考

1. 太阳城中的重要景点是什么？
2. 最佳的旅游季节是哪个季节？

认识我们身边的太阳能